现代农业产业技术体系建设专项(CARS－16－E13)经费资助
科技创新工程项目(CAAS－ASTIP－IBFC)经费资助

亚麻

栽培理论与技术

Flax Cultivation Theories and Technologies

◎ 邱财生　　王玉富　等　著

中国农业科学技术出版社

图书在版编目（CIP）数据

亚麻栽培理论与技术 / 邱财生等著. -- 北京：中国农业科学技术出版社，2023.12

ISBN 978-7-5116-6584-3

Ⅰ. ①亚… Ⅱ. ①邱… Ⅲ. ①亚麻—栽培 Ⅳ. ① S563.2

中国国家版本馆 CIP 数据核字（2023）第 226338 号

责任编辑　于建慧
责任校对　李向荣
责任印制　姜义伟　王思文

出 版 者　中国农业科学技术出版社
　　　　　北京市中关村南大街 12 号　　邮编：100081
电　　话　（010）82109708 （编辑室）（010）82109702 （发行部）
　　　　　（010）82109709 （读者服务部）
网　　址　https://castp.caas.cn
经 销 者　各地新华书店
印 刷 者　北京中科印刷有限公司
开　　本　148 mm × 210 mm　1/32
印　　张　6.75
字　　数　166 千字
版　　次　2023 年 12 月第 1 版　2023 年 12 月第 1 次印刷
定　　价　68.00 元

《亚麻栽培理论与技术》
著者名单

主　　著　邱财生　王玉富

副主著　邱化蛟　龙松华　郭　嫒

著　　者（以姓氏笔画为序）

马少斌　　马　兰　　王世发　　凤　桐

邓　欣　　冈特·罗茨（比利时）

汉斯－约尔格·古索维乌斯（德国）

朱　炫　　朱增芳　　乔海明　　刘翠翠

守合热提·牙地卡尔　李永华　　李永会

李亚芝　　李建永　　李爱荣　　吴广文

吴智敏　　宋喜霞　　张　正　　张丽丽

张晓平　　张　雪　　陈晓艳

阿里别里根·哈孜太　范永明　　范志芳

赵信林　　郝冬梅　　哈尼帕·哈再斯

钟国乾　　姜卫东　　姚丹丹

祖勒胡玛尔·乌斯满江　　　　曹秀霞

康庆华　　解林昊

审稿人员（以姓氏笔画为序）

王玉富	邓　欣	龙松华	朱　炫
刘翠翠	李建永	李爱荣	吴智敏
邱化蛟	邱财生	张晓平	陈晓艳
赵信林	郭　媛	曹秀霞	康庆华

Flax Cultivation Theories and Technologies

List of Authors

Lead authors: Qiu Cai Sheng   Wang Yu Fu

Associate lead authors: Qiu Hua jiao   Long Song Hua

Guo Yuan

Authors (In order of Chinese surname strokes) :

Ma Shao Bin   Ma Lan   Wang Shi Fa

Feng Tong   Deng Xin   Gunter Roets (Belgian)

Hans-Jörg Gusovius(German)

Zhu Xuan   Zhu Zeng Fang   Qiao Hai Ming

Liu Cui Cui   Shouhereti Yadikar   Li Yong Hua

Li Yong Hui   Li Ya Zhi   Li Jian Yong

Li Ai Rong   Wu Guang Wen   Wu Zhi Min

Song Xi Xia   Zhang Zheng   Zhang Li Li

Zhang Xiao Ping   Zhang Xue   Chen Xiao Yan

Alibieligen Hazitai   Fan Yong Ming   Fan Zhi Fang

Zhao Xin Lin   Hao Dong Mei   Hanipa Hazaisi

Zhong Guo Qian   Jiang Wei Dong   Yao Dan Dan

Zulehumar Osimanjiang   Cao Xiu Xia

Kang Qing Hua   Xie Lin Hao

Reviewers (In order of Chinese surname strokes)

Wang Yu Fu	Deng Xin	Long Song Hua
Zhu Xuan	Liu Cui Cui	Li Jian Yong
Li Ai Rong	Wu Zhi Min	Qiu Hua Jiao
Qiu Cai Sheng	Zhang Xiao Ping	Chen Xiao Yan
Zhao Xin Lin	Guo Yuan	Cao Xiu Xia
Kang Qing Hua		

前 言

Foreword

　　亚麻纤维是人类最早使用的天然植物纤维，距今已有近万年的历史。亚麻纤维天然的纺锤形结构和独特的果胶质斜边结构使其具有吸湿、散热、透气的优良特性，具有防静电、防紫外线、阻燃、抗过敏等功能。夏季穿着亚麻织物使人感到格外凉爽、不粘身、不闷热，所以亚麻纤维被誉为"会呼吸的纤维""纤维皇后"，亚麻服饰也有"天然空调"的美誉。亚麻服饰不仅绿色、天然，而且带着千年的文化气息，因此亚麻纤维的应用经久不衰、历久弥新。

　　然而，亚麻纤维的用途并不只用于服装。由于亚麻纤维复合材料具有良好的力学特性，可以替代玻璃纤维、碳纤维及其他纤维复合材料，近些年亚麻纤维复合材料的研究与应用蓬勃发展。随着节能减排、轻便、安全与舒适成为汽车行业的主要发展趋势，亚麻纤维复合材料可以代替塑料并占据了汽车内饰市场近1/2的份额。亚麻纤维增强热塑性复合材料不仅力学性能优良、成本低廉，而且亚麻纤维可再生、可降解、生产过程 CO_2 排放少，对环境友好，发展亚麻纤维复合材料符合节能减排、绿色发展的理念。同时，亚麻纤维增强复合材料还具有密度小、比刚度大、比强度较大、成型工艺性能好等特点，近年发展迅速，已经广泛应用于汽车、飞机、建筑、土木工程、交通运输等各方面。

　　除亚麻纤维可用外，亚麻籽也有广泛的用途。亚麻籽中富含亚麻籽胶、蛋白质、膳食纤维以及抗氧化肽、木酚素等多种功能活性成分。因此，亚麻籽是一种营养价值极高的功能食品，具有抗氧化、抗炎、抗癌、抗高血压和预防心血管疾病等多种功效。亚麻籽油脂含量33%～45%，α-亚麻酸含量高达55%以上，还富含维生素E、类黄酮等活性物质，是国内外公认的高端食用油。

由于亚麻纤维以及亚麻籽的诸多优良特性，亚麻纤维、亚麻籽在我国消费市场供不应求，严重依赖进口。为了促进亚麻产业的发展，自国家现代农业产业技术体系成立以来，国家麻类产业技术体系亚麻生理与栽培岗位的有关亚麻栽培技术研究工作就得到了国家现代农业产业技术体系经费的支持，亚麻生理与栽培技术研究工作得以顺利开展，并取得一些研究成果。为了使科研成果更好地服务于生产，我们对亚麻栽培工作进行比较系统的总结，特以此书呈现服务于我国亚麻生产并与同行交流探讨。

在本书撰写过程中，得到了国家麻类产业技术体系亚麻品种改良岗位、大理工业大麻亚麻试验站、哈尔滨麻类综合试验站、伊犁亚麻试验站、长春亚麻试验站、张家口市农业科学院、宁夏农林科学院固原分院、宁夏君星坊食品科技有限公司、孙吴县亿利生物科技有限公司、佳木斯东华收获机械制造有限公司、德国莱布尼茨农业工程与生物经济研究所、比利时的 Union 和 Depoortere 两个亚麻机械公司等单位专家的支持，并对本书的撰写提出了宝贵意见，在此一并表示衷心的感谢！

愿此书的出版有助于我国亚麻产业的发展，祝愿我国亚麻产业再创辉煌！

著 者

2023 年 9 月

The Foreword

Foreword

Flax fiber is the earliest natural plant fiber used by human beings, which has a history of nearly ten thousand years. The natural spindle-shaped structure of flax fiber and the unique pectin oblique structure make it have excellent characteristics of moisture absorption, heat dissipation, breathe freely and have anti-static, anti-ultraviolet light, flame retardant, anti-allergy and other functions. Wearing linen fabric in the summer naturally makes people feel particularly cool, not sticky, not stuffy, so flax fiber is known as "breathing fiber", "fiber queen", linen dress also has the reputation of "natural air conditioners". Flax dress is not only green, natural, but also with a millennium of cultural atmosphere, so the application of flax fiber is ageless and everlastingly new.

However, the use of flax fiber is not only for clothing. Due to the good mechanical properties of flax fiber composites, which can replace glass fiber, carbon fiber and other fiber composites, the study and application of flax fiber composites have developed vigorously in recent years. With energy saving and emission reduction, lightness, safety and comfort have become the main development trend of the automotive industry, flax fiber composites can replace plastic and have occupied nearly 1/2 of the market share in the automotive industry. Flax fiber reinforced thermoplastic composite material is not only excellent mechanical properties, low cost, but also flax fiber renewable, biodegradable, environmentally friendly, production process CO_2 less emissions, the development of flax fiber composite material is in line with the concept of energy saving and emission reduction, green development. At the same time, the flax fiber reinforced composite material also has the characteristics of small density, large specific stiffness and specific strength, good molding process performance, material performance can be designed, good fatigue resistance, good vibration reduction performance, good thermal stability, so the flax fiber composite material develops rapidly. Flax fiber composite materials produced by different processes have been widely used in automobile, aircraft, construction, geoengineering, transportation and other aspects.

In addition to fiber use, flax seed also has a wide range of uses. The oil content of flax seed is about 33%–45%, and the content of α-linolenic acid in flax seed oil is up to 55%. The α-inolenic acid is necessary fatty acids and cannot be synthesized by human body, which plays an important role in improving the composition of people's dietary fatty acids and maintaining human health. Flax seed oil is also rich in vitamin E, flavonoids and other active substances, which is recognized as a high-end edible oil at China and abroad. The flax seed is also rich in flax seed pectin, protein, dietary fiber, antioxidant peptide, lignans and other functional active ingredients. Therefore, flax seed is a functional food with high nutritional value, which has antioxidant, anti-inflammatory, anti-cancer, anti-hypertension and prevention of cardiovascular diseases.

Due to the many excellent characteristics, flax fiber and seed are in short supply in China, seriously dependent on imports. In order to promote the development of flax industry, since the establishment of China

Agriculture Research System（CARS）, flax cultivation technology research work of flax physiology and cultivation team developed well by the support of CARS funds. After more than ten years of research work, some research achievements have been obtained. In order to make the scientific research achievements better serve the production, the flax cultivation work is summarized systematically, and it is presented in this book to serve the flax production and communicate with the flax industry personnel.

The book is divided into four chapters and eighteen sections. The Chapter I is Introduction. It gives a brief introduction to the types, uses, flax production and research of flax at home and abroad, and strives to make the readers have a general understanding of flax; The Chapter II, The Biological Foundation of Flax Cultivation. In this chapter, the reader can understand the botanical characteristics of flax, the regularity of development and its relationship with the external environment, establish some theoretical foundation for flax cultivation; The Chapter III, Research Progress in Flax Cultivation, The study on flax water stress, salt-alkali tolerance, no-tillage planting, multiple planting, lodging resistance, high-yield cultivation, heavy metal contaminated farmland remediation and application and so on which were achieved by Flax Physiology and Cultivation study team and related research teams or experiment station of CARS are summarized, and are presented to the reader. Expect to play a certain role in the production and research of flax; The Chapter IV, The Flax Cultivation Technologies, it introduces flax planting, weed control, disease control, harvesting, retting in a practical perspective, expect the reader to have a systematic understanding of the flax cultivation. In the flax harvesting section of this chapter, some flax harvesting machines from China and abroad are mainly introduced, which is expected to play a certain role in the transformation of flax from traditional planting to mechanized planting in China.

In the writing process of this book, we got the supports of Flax Varieties Improvement Study Team, Dali Industrial Hemp and Flax Experimental Station, Harbin Comprehensive Experimental Station of Bast Fiber Crops, Yili Flax Experimental Station, Changchun Flax Experimental Station of CARS, and Zhangjiakou Academy of Agricultural Sciences, Guyuan Branch of Ningxia Academy of Agriculture and Forestry Sciences, Ningxia Junxingfang Food Technology Ltd., Sunwu Yili Biological Technologies Ltd., Jiamusi Donghua Harvest Machinery Manufacturing Ltd., Leibniz-Institute for Agricultural Engineering and Bioeconomy (ATB)(German), Belgian Union Machines Company and Depoortere Company, and other flax experts of relevant institutions, and they put forward valuable opinions on the writing of the book. We express our heartfelt thanks to them! We hope the publication of this book will contribute to the development of Chinese flax industry! Wish Chinese flax industry to create a brilliant once again!

The authors

Sep.27 2023

目 录

C o n t e n t s

第一章

概　论

第一节　亚麻及其用途

一、亚麻及其分类

亚麻（*Linum usitatissimum* L.）是亚麻科亚麻属一年生或秋播越年生草本植物。染色体 2*n*=32 或 30。

按用途不同可以将亚麻分为纤维亚麻、纤籽兼用亚麻和油用亚麻（图1-1）。油用亚麻俗称胡麻或油麻，但是这里所说的胡麻与植物学分类中胡麻科的胡麻是完全不同的两种植物。

（一）纤维亚麻

纤维亚麻一般株高 70～120 cm，茎秆光滑，茎粗约 1.5 mm，密植时无分茎，纤维含量为 20%～35%。分枝 4～5 个，蒴果 5～8 个。花蓝色、

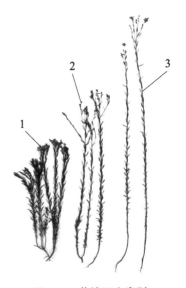

图1-1　栽培亚麻类型
1. 油用亚麻　2. 纤籽兼用亚麻
3. 纤维亚麻

白色、浅粉色、玫瑰色，生产上应用的大部分品种的花为蓝色。种皮褐色、浅褐色、乳白色等，生产上应用的大部分品种的种皮为褐色。黑龙江、新疆维吾尔自治区（以下简称新疆）等省（区）春季4—5月播种；云南、湖南、湖北、浙江等省 10—11 月播种。亚麻生长在黑龙江、吉林等省生育期为 70～90 d，新疆、山西等省（区）为90～100 d，云南、湖南、湖北、浙江等省为 130～180 d。

（二）纤籽兼用亚麻

纤籽兼用亚麻一般株高 50～90 cm，有时有分茎，花序比纤维亚麻发达，单株蒴果较多。主要特征居于油用和纤维亚麻中间，栽培目的是种子和纤维兼顾，又称油纤兼用亚麻。种子产量及千粒重均高于纤维亚麻。千粒重 5～9 g，含油率 35%～45%，茎纤维含量 15%～20%。我国西北、华北有栽培，花蓝色、白色等，种皮褐色、浅褐色、乳白色等。

（三）油用亚麻

油用亚麻一般株高 40～60 cm，生育期 90～120 d，分茎较多，分枝发达，每株蒴果数 10～30 个，最多可达 100 多个。种子千粒重一般为 6～10 g，含油率 38%～46%。主要在我国西北的甘肃、宁夏、新疆和华北内蒙古、山西、河北等地栽培，花蓝色或白色，种皮褐色、浅褐色、乳白色等。在我国西北、华北有栽培，生育期 100 d 左右。亩 * 产亚麻籽 80～100 kg，每年 400 万～500 万亩。

二、亚麻在中国的分布

亚麻在中国的分布区域十分广泛，主要分布在黑龙江、吉林、新疆、甘肃、青海、宁夏、山西、陕西、河北、湖南、湖北、内蒙古、云南等省（区），西藏、贵州、广西等省（区）也有少量种植。按照生态区域分为 9 个栽培区。

（一）黄土高原区

该域为我国油用及纤籽兼用亚麻的最主要种植区。包括山西北

---

* 注：1 亩 ≈ 667 m²。全书同。

部、内蒙古西南部、宁夏南部、陕西北部和甘肃中东部。该域海拔高度在1 000～2 000 m，土壤瘠薄，亚麻生长前期比较干旱。

（二）阴山北部高原区

该域为油用亚麻产区，主要包括河北坝上、内蒙古阴山以北。该区域气温较低，干旱，土壤比较肥沃，海拔高度约1 500 m。

（三）黄河中游及河西走廊灌区

该域为油用亚麻为主产区，少量纤维亚麻栽培区。主要包括内蒙古河套、土默川平原、宁夏引黄灌区、甘肃河西走廊。海拔高度1 000～1 700 m。热量较充足，雨水较少，需要灌溉，土壤盐渍化较重。

（四）北疆内陆灌区

该域为油用亚麻及纤维亚麻产区。包括准噶尔盆地和伊犁河上游地区，多分布在绿洲边缘地带，日照充足，温度较高，依靠雪水灌溉，大气比较干燥。

（五）南疆内陆灌区

该域为油用亚麻为主产区，有少量纤维亚麻。主要包括塔里木盆地，区域内冬季较温暖，春季升温快，土壤水分主要依靠灌溉，大气特别干燥。

（六）甘青高原区

该域为油用亚麻为主产区。主要包括青海省东部及甘肃省西部高寒地区，属于青藏高原的一部分，海拔高度2 000 m左右。土壤肥力比较高，但气温比较低，无霜期比较短。

（七）东北平原区

该域为我国纤维亚麻主产区。主要包括黑龙江、吉林和内蒙古的东部。土壤比较肥沃，春季经常干旱，后期雨水比较多。气温适中，有利于亚麻纤维发育，纤维品质比较好。

（八）云贵高原区

该域以纤维亚麻为主，也是发展纤维籽兼用的优势区域，秋季栽培，为越冬作物。区域内冬季气温比较高，雨水较少，主要与水稻轮作，灌溉条件比较好，既能保障亚麻对水分的需求，又不会因雨水过多而倒伏，所以产量比较高。

（九）长江中游平原区

该域是我国在 20 世纪末到 21 世纪初发展起来的亚麻新区。主要包括湖南、湖北两省的环洞庭湖区。利用冬闲田，秋冬种植，雨水比较多，亚麻容易倒伏。

三、亚麻纤维

亚麻纤维通透性好，被誉为"会呼吸的纤维"和"天然空调"，它的天然纺锤形结构和独特的果胶质扁孔，有特别优良的透气性、清爽性、吸湿性和排湿性。亚麻的导热能力特别强，所以使用亚麻床单感觉非常凉爽。亚麻纤维吸湿性非常强，能迅速吸收和导出湿气，表面水蒸气的蒸发速度也非常快。亚麻的透气性和热传导能力非常强，热传导能力是羊毛的 5 倍，丝绸的 19 倍。在炎炎夏日，穿亚麻衣服的人皮肤表面温度会比穿丝绸或者纯棉衣物的人低 3～4℃（曹琼，2015）。亚麻纤维的这些优良特性得益于其主要成分是纤维素，纤维大分子上的极性基团与水分子形成水合物，发生了直接吸收水分的物理现象。亚麻纤维表现了良好的吸湿性，它在标准状态下回潮率为12%，是棉纤维的1.4倍。亚麻纤维表现出优良的吸湿性、抗静电性、可降解性、耐摩擦性及优良的机械性能等。夏天穿着亚麻织物格外凉爽，不粘身、不闷热，所以亚麻服装有"天然空调"的美誉。

四、亚麻籽

亚麻籽富含油脂和蛋白质等营养成分，亚麻籽中油脂含量通常为35%～45%，蛋白质含量为20%～30%，中性洗涤纤维含量约为25.2%，此外，还有丰富的果胶、木酚素、矿物质等（郝京京等，2020）。亚麻籽油富含α-亚麻酸、植物甾醇、维生素E、木脂素（SDG）等营养成分，这些营养成分在对抗各种炎症性自身免疫性疾病、高血压、糖尿病等方面发挥着关键作用，而且还可改善神经系统状况和适当的血液循环，具有减少神经系统和自身免疫性疾病、改善糖尿病、改善酒精性肝病、抗氧化、预防动脉粥样性心血管疾病、降压、抗癌等功能（赖玉萍等，2022）。其中，α-亚麻酸具有提高记忆力，保护视力，降血脂、降血压，抑制出血性脑卒中，预防过敏等功效；木酚素是一种与人体激素十分相似的植物雌激素，在亚麻籽中含量最丰富，为其他食物含量的75～800倍（冯小慧等，2020）；维生素E具有抗衰老、增强免疫力、改善末梢血液循环、防止动脉硬化等生理作用。黄酮是一种抗氧化剂，可以清除体内自由基。中国营养学会发布的2013版《中国居民膳食营养素参考摄入量（DRIs）》，首次增加了α-亚麻酸推荐值，推荐中国居民（孕妇）α-亚麻酸摄入量以1 600～1 800 mg/d为宜（周政，2020）。因此，亚麻籽油被认为是优质高端食用油，其保健功效越来越引起人们的重视。《粮油加工业"十三五"发展规划》指出，要"优化产品结构，适应城乡居民膳食结构及营养健康水平日益提高的需求，增加满足不同人群需要的优质化、多样化、个性化、定制化粮油产品供应。"要"增加亚麻籽油、红花籽油、紫苏籽油等特色小品种供应"（王瑞元，2018）。亚麻籽油产业化符合国家特色油脂发展需要，有助于满足广大居民健康生活的需求。

五、亚麻的用途

俗话说"亚麻是棵草，全身都是宝"，主要用途见表1-1。

表1-1 亚麻的主要用途

纤维	麻屑、根或全秆	蒴果壳	种子
1. 纺纱：针织服装、织布、绳索 2. 细布：服装、刺绣、装饰布 3. 粗布：服装、台布、帐篷、苫布、水龙带、枪衣、炮衣、雨衣、旅行袋 4. 造纸、炸药 5. 植物蜡：化妆品 6. 复合材料：汽车外壳、内装饰板等	1. 制板：家具、装饰板、建筑材料 2. 造纸 3. 糠醛	1. 饲料 2. 建筑材料	1. 食用：面包、饼干、蛋糕、果冻、冰淇淋、食品胶、亚麻籽粉冲剂、食用色素 2. 榨油 3. 医药：木酚素、亚麻酸 4. 油漆、涂料 5. 化妆品 6. 饲料、肥料

近年来，亚麻研究的热点主要集中在复合材料和饲料等的应用方面。亚麻纤维复合材料具有良好的力学特性，逐渐取代了玻璃纤维及其他纤维复合材料。当前，节能减排、轻便、安全与舒适成为

汽车行业的主要发展趋势，亚麻纤维复合材料已逐渐代替塑料并占据了汽车行业近 1/2 的市场份额。同时，因其材料密度小，具有优良的降噪隔音和防碎性能，目前，宝马、奔驰、奥迪等汽车生产厂商均引入亚麻纤维复合材料（姜弼天等，2019）。在饲料行业，通过添加亚麻籽油来调控动物饲粮的组成和结构，使不饱和脂肪酸的比例更加均衡，从而改善动物的健康水平及与其相关产品的品质。Leikus 等（2018）在育肥猪的日粮中加入亚麻籽油的研究结果表明，肉中 α- 亚麻酸、EPA 和 DPA 含量以及 ω-3 脂肪酸总量均有明显增加，肉中的 ω-6/ω-3 脂肪酸比例也得到了改善（赖玉萍等，2022）。

二十二碳六烯酸（DHA）俗称"脑黄金"，是一种对人体非常关键的多不饱和脂肪酸。已被证明具有抗炎、降血脂、治疗癌症、预防心血管疾病等生物学功效，还具有降低抑郁症、双相情感障碍、精神分裂的风险。然而，人体自身不能合成 DHA，需要由饮食提供。在蛋鸡饲料中添加 12% 膨化亚麻籽日粮饲喂 45 d 后，每 100 g 鸡蛋中 DHA 含量最高达到 251.08 mg ± 40.58 mg。日粮中添加膨化亚麻籽含量越高、饲喂时间越长，鸡蛋中的 DHA 含量越高。膨化亚麻籽中富含 α- 亚麻酸，α- 亚麻酸作为 DHA 的合成前体，可以在机体内向其长链衍生物 DHA 转换，提高蛋鸡体内的 DHA 含量，进而生产出 DHA 含量较高的 DHA 功能蛋（黄林等，2022）。

冷榨亚麻饼能够提高秦川肉牛的增重水平、屠宰性能，维持瘤胃内环境的稳态，有助于减少甲烷产生，提高饲料的利用效率，降低生产成本，增加牛肉营养价值和嫩度，改善牛肉风味口感（周仁超，2022）。

在奶牛饲粮中添加亚麻籽或者亚麻籽粕会使瘤胃 pH 值降低，总挥发性脂肪酸含量增加，乙酸与丙酸的比值下降。随着亚麻籽添加量的升高，甲烷等有害气体的排放量减少，减轻了对环境的负面影响。要提高亚麻籽饼粕在反刍动物饲粮中的利用率，改善其在反刍动物全肠道内的消化率，在不影响其生产性能的前提下提高畜产品质量，还需要更多的研究（郝京京等，2020）。

第二节 亚麻科研与生产概况

一、国内外亚麻研究概况

亚麻在食品、医疗保健和材料行业具有巨大的潜力，随着人们健康和环保意识的增强，亚麻越来越受到人们的关注。对于亚麻这种特色作物，了解其发展历史、现状和热点，最终找到亚麻研究的未来方向至关重要。Gao 等（2023）使用 CiteSpace 软件分析了 2000—2022 年 WoS（Web of Science）发表的与亚麻相关的文章以及这些文章引用的参考文献。结果显示，2000—2022 年对亚麻的研究数量一直在增加，并且在 2010—2022 年增加迅速。加拿大和法国是亚麻研究的领先国家，在此期间发表了 970 多篇文章。通过对高频关键词的分析，发现了 5 个重要的研究领域：一是亚麻纤维质量及其在复合材料中的应用；二是亚麻籽的化学成分和产品；三是亚麻的抗逆性和遗传；四是纤维素和木质素；五是纤维增强复合材料和亚麻织物。亚麻秸秆生物复合材料以其最强的引用暴发，已成为亚麻研究的热点。未来由于劳动力成本较高，仍应努力实现轻简化高效生产，并应更多关注更加健康的亚麻籽食品和亚麻基环保生物材料。最后，降低种植和预处理成本，开发具有更高价值的最终产品，将极大促进整个亚麻行业的发展。

对 WoS 2000—2022 年的搜索结果进行了可视化分析（图 1-2）。各国之间发表的论文数量差异很大，加拿大和法国以 972 篇的记录并列排名第一。发表亚麻相关文章居前 10 位的国家也是世界上亚麻的主要生产国。其中，法国国家科学研究中心（401）在论文发表数量方面排名第一，这也表明了法国在亚麻研究中的地位。在高产的作者中，来自法国的克里斯托夫·巴利（Baley C）发表了 117 篇论文，排名第一。结果显示，约 31% 的搜索记录（2 570 条记录）属于"材料科学"的研究领域，其次是"农业"（1 401 条记录）等研究领域，在 WoS 研究分类中，"材料科学复合材料"以 1 110 项记录排名第一，这也证明了亚麻在材料研究中日益增长的重要性。对研究领域和 WoS 研究分类的分析结果表明，关于亚麻纤维的研究数量最多，这表明纤维仍然是亚麻最重要的用途，研究人员关于亚麻的研究发文量最多的期刊是 *Industrial Crops and Products*（248 份记录）、*Composites Part A：Applied Science and Manufacturing*（208 份记录）、*Journal of Natural Fibers*（165 份记录）等，根据 2021 年的期刊引用报告，排名均为 Q1，大部分文章都与复合材料或聚合物相关。

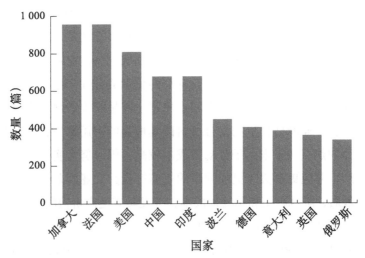

图 1-2　2000—2022 年各国家发表有关亚麻文章的数量

二、国外亚麻生产概况

1961 年有记录以来，纤维亚麻主要分布在前苏联、法国、中国、比利时、白俄罗斯、波兰、荷兰、捷克、英国、乌克兰、保加利亚、埃及、爱沙尼亚、芬兰、德国、拉脱维亚、葡萄牙、瑞典、爱尔兰等 20 多个国家。1961—2021 年，全球纤维亚麻的种植面积平均每年 973 434 hm²，种植面积从 1961 年的 2 041 125 hm² 降低到 2021 年的 241 103 hm²，虽然种植面积大幅度下降，但由于科技与生产水平的进步，纤维产量并没有大幅度下降，2021 年的纤维产量为 896 636.43 t，与 1961 年相比反而增加了 20 万 t（图 1-3）。

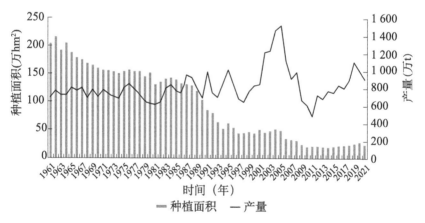

图 1-3　1961—2021 年全球纤维亚麻种植面积及产量

1961—1991 年，全球纤维亚麻平均每年的种植面积为 1 544 960 hm²，每年的纤维产量为 757 174 t，年平均产量居前 10 位的国家有前苏联、中国、法国、波兰、捷克斯洛伐克、罗马尼亚、荷兰、比利时—卢森堡、埃及、匈牙利，分别为 401 035.48 t、127 649.29 t、71 440.06 t、42 865.35 t、22 453.45 t、21 954.9 t、

18 952.32 t、15 817.16 t、14 584.77 t、4 801.61 t。其中，前苏联的亚麻纤维产量最高，占全球总产量的 50% 以上。1992 年全球种植面积大幅度下降，1992—2021 年全球纤维亚麻平均每年的种植面积为 382 857 hm²，但是纤维产量略有增加，平均每年产量为 879 858 t，年平均产量前 10 位的国家为法国、中国、比利时、俄罗斯、白俄罗斯、荷兰、英国、乌克兰、比利时—卢森堡和埃及，分别为 461 083.87 t、199 224.05 t、47 886.05 t、45 669.22 t、43 561.43 t、19 485.37 t、17 437.96 t、13 717.17 t、12 164 t、9 712.13 t。法国的纤维亚麻产量占全球的 50% 以上，这与其科研及生产水平相符，西欧的法国、荷兰、比利时等国的亚麻生产及科研水平都处于国际领先地位，其原茎产量已达到 6 000～7 500 kg/hm²，纤维产量达 1 200～1 800 kg/hm²。欧洲亚麻生产均采用全程（从播种到制麻）机械化作业。西欧采用自走式拔麻机收获，工作效率约为 1.5 hm²/h。由于西欧亚麻是规模化、机械化种植，加上政府补贴，所以其亚麻种植面积相对比较稳定。例如法国的纤维亚麻种植面积一直处于相对稳定上升的趋势，这种稳定的发展得益于政府的扶持，使产业始终处于可持续的发展状态。俄罗斯纤维亚麻种植面积为 35 483 hm²，面积比 1992 年高峰时下降约 80% 以上。东欧的波兰、捷克、立陶宛等一些国家已经基本停产。

油用亚麻在世界上种植更广泛，但 1961—2007 年种植面积及产量一直处于下降的趋势，1964 年种植面积最大达到 8 049 735 hm²，亚麻籽产量 3 276 909 t，2007 年下降到 1 977 659 hm²，亚麻籽产量 1 658 238 t（图 1-4）。主要是这一阶段亚麻油主要作为食用油，但是其产量比较低，每公顷只有 600 kg。近十几年，人们的保健意识逐渐增加，亚麻籽的保健功能逐渐被认可，亚麻油以及亚麻籽相关产品的消费逐渐增加，至 2021 年油用亚麻种植面积已达 4 142 449 hm²，亚麻籽产量已经达到 3 339 146 t，已经超过面积最大的 1964 年的产量，比产量最低的 2007 年的产量翻了一番，单产也有了大幅度提高，2008—2021 年的每公顷产量达到了 1 000 kg（FAOSTAT，2023）。

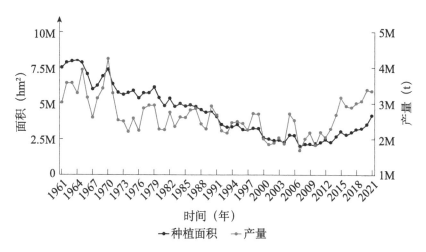

图 1-4　1961—2021 年全球油用亚麻种植面积及产量

注：数据来源于联合国粮农组织统计数据库。

最近 10 年，油用亚麻种植面积较大的国家有哈萨克斯坦、俄罗斯、加拿大、中国、美国、印度、埃塞俄比亚、英国、乌克兰、法国，其亚麻籽产量分别为 638 394.62 t、611 920.29 t、604 740.8 t、368 347.53 t、145 392 t、140 947 t、90 571.07 t、46 411.4 t、43 197 t、42 062.92 t，单产分别为 745 kg/ hm²、820 kg/ hm²、1 425 kg/ hm²、1 293 kg/ hm²、1 200 kg/ hm²、536 kg/ hm²、1 059 kg/ hm²、1 847 kg/ hm²、1 056 kg/ hm²、1 848 kg/hm²（图 1-5）。

三、国内亚麻生产概况

亚麻是人类最早栽培利用的农作物之一。从考古发现来看，早

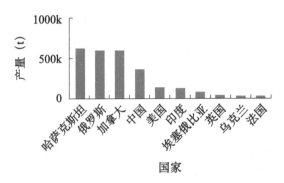

图 1-5　2012—2021 年全球油用亚麻种植面积前 10 的国家及产量

注：数据来源于联合国粮农组织统计数据库。

在 5 000 年前人类就开始利用亚麻，也有人认为 8 000 年前就已有应用。关于亚麻的原产地说法不一，一般认为有 4 个起源中心，即地中海地区、外高加索地区、波斯湾地区和中国。中国是亚麻起源地之一，亚麻在我国最早是作为中药材栽培，远在 5 000 多年前，开始作为油料栽培，并有部分纤维被利用。

油用亚麻最初在青海、陕西一带种植，在青海的土族阿姑就有利用亚麻制作盘绣的传统。后来逐渐发展到宁夏、甘肃、云南及华北等地。以西北地区种植面积最大，占全国种植面积的 61.6 %，其中又以甘肃面积最大；华北地区种植面积占全国种植面积的 37%，其中以山西种植面积最大；其次为内蒙古和河北，其他地区只占全国种植面积的 1.4%（米君等，2006）。

我国目前为世界第二大亚麻籽进口国，贸易量占世界总量的近 1/4。2013 年以前，我国亚麻籽近 99% 来自加拿大，极少量来自俄罗斯、美国和新西兰。2014—2015 年，我国仅从加拿大和美国进口亚麻籽；2016 年恢复从俄罗斯进口，并且进口量创新高，占我国进口总量的 7.4%，自加拿大进口的亚麻籽占比降至 90.6%；2017 年我国自俄罗斯进口亚麻籽数量进一步增加，进口量占我国进口总量的比例增加至 15%，进口来源结构多元化的趋势特征更加明显；2018年我国进口亚麻籽 39.8 万 t、亚麻籽油 4.2 万 t；2019 年我国进口亚麻籽达到 42.7 万 t、亚麻籽油 5.1 万 t（周政，2020）；2022 年我国进口亚麻籽达到 64.4 万 t、亚麻籽油 2.6 万 t（顾雨霏等，2023）。由此可见，我国市场对于亚麻籽原料及亚麻籽油需求量逐年增长，如何扩大我国亚麻籽种植面积或者提高亚麻籽单产水平，提高亚麻籽油产量显得尤为重要。

我国 1906 年开始试种纤维亚麻，1936 年纤维亚麻在黑龙江、吉林两省形成了一定的生产规模，其后，纤维亚麻种植面积逐年上升。20 世纪 40 年代，全国纤维亚麻种植面积为 2 万 hm²，主要分布在黑龙江省。80—90 年代，中国的亚麻纺织业迅速发展，拥有亚麻原料企业 140 余家，亚麻纺织企业 30 余家，纺锭突破 35 万锭。亚麻纺织工业的总体规模仅次于俄罗斯居世界第二，形成以西欧、中国和俄罗斯为代表的世界亚麻纺织格局。我国亚麻纺织行业发展带动了整个亚麻产业链的发展壮大。80 年代纤维亚麻引入新疆，1985年试种，1986 年种植 1 600 hm²；90 年代引入云南，1993 年亚麻在云南引试种成功，其后有 20 多个县种植纤维亚麻，产量已经接近或超过西欧的产量水平。内蒙古在 20 世纪 60 年代初，开始研究和试种纤维亚麻，但未能推广，1986 年再次试种，1988 年大田推广"黑亚三号"面积达 166.67 hm²，到 1994 年发展到 6 000 多 hm²，分布于 5 个盟（市）的 7 个旗（县）。20 世纪 20—30 年代在湖南的沅江、长宁、浏阳就有种植，此后中断。1995 年中国农业科学院麻类研究所再次从黑龙江引进纤维亚麻在湖南作为冬季作物试种，并取得成功。1998 年后在祁阳、常德、岳阳相继建厂，大面积种植。虽然 20 世纪 80 年代以后纤维亚麻产区由黑龙江向新疆、内蒙古、吉林、云南、湖南、浙江辐射，亚麻种植面积达 13.3 万 hm²，但年产长麻仅 4 万～5 万 t，无法满足亚麻纺织企业 8 万～10 万 t 长麻的原料需求。改革开放以来，由于创汇的需求、亚麻纤维产品的出口拉动我国亚麻种植面积迅速上升，并居世界前列，并于 1988 年达到第一个高峰，种植面积 145 000 hm²，一跃成为世界上种植纤维亚麻面积最大的国家。进入 21 世纪，亚麻生产迎来了一个高峰，2005 年亚麻种植达到第二个高峰，种植面积达到 158 959 hm²。2006 年开始亚麻价格持续低迷，种植面积也持续下降。我国是世界上亚麻种植面积下滑最大的国家，2011—2012 年种植面积 30 000 多公顷，下降了 2/3 以上，平均原茎产量 6 500 kg/hm²，原茎总产量约 20 万 t，长麻约 20 000 t，短麻约 30 000 t。亚麻纤维已经严重短缺，2012 年进口纤维约 10 万 t。目前，我国亚麻种植主要分布在新疆、黑龙江等省（区）。云南是我国亚麻原茎单产最高的省份，其原茎产量可以达到 8 000 kg/hm²，最高的可以达到 12 000 kg/hm²。其次是新疆，原茎产量 6 500 kg/hm² 左右。产量最低的是黑龙江和湖南，为 5 000～6 000 kg/hm²。2017 年国际金融危机以后，全球亚麻种植面积持续下降，2021 年，我国纤维亚麻种植面积 6 800 hm²，亚麻纤维已经出现短缺的局面（王玉富等，2013）。2022 年，随着新冠肺炎疫情的过去，亚麻产业开始复苏，随着亚麻产品的市场需求逐步恢复，亚麻纤维价格急速回升。

第二章

亚麻栽培的生物学基础

第一节　亚麻的植物学特征

一、形态特征

亚麻全植株由根、茎、叶、花、蒴果和种子 6 个部分构成。

（一）根

亚麻的根属直根系，由主根和主根上分生的侧根所组成。主根细长，略呈波状，侧根短小细弱，呈稠密的网状分枝。根系的长度与密度随品种类型、栽培条件而不同。亚麻的主根长 100 cm 左右，最深可达 150 cm。侧根主要分布在 20 cm 土层中，以近表土 5～10 cm 处的侧根密度为最大。全部根系的重量占植株地上部总重量的 9%～15%。纤用亚麻较不耐旱，也易倒伏。油用亚麻的根系比纤用亚麻的发达，根系入土较深，根数多而密，因此，抗旱能力较强。油纤两用亚麻的根系发育介于纤用和油用亚麻两者之间。亚麻根系的发育比其他作物显得纤细，且吸收营养能力弱，要求特别细致的土壤耕作，以及土壤中供应部分易溶解的营养物质，促进根系的良好生长，达到亚麻优质、高产的目的。

亚麻根系在出苗后 15～20 d 进入枞形期，植株地上部分生长缓慢，而根系生长十分迅速，此时期要给根系生长创造良好的条件，使其得到充分发育。当亚麻进入快速生长期时，强大稠密的根系已经形成，可以吸收足够的水分和营养物质，以满足地上部植株生长发育的需要，充分发挥增产潜力。至亚麻开花期，根系生长逐渐缓慢。根据亚麻根系的生长习性，通过土壤耕作、施肥等措施，促进

亚麻根系的生长，对亚麻增产有促进作用。

（二）茎

亚麻的茎细长呈圆柱形，生育期间呈绿色或深绿色，表面光滑，覆有蜡质，成熟后变黄。麻茎的色泽与成熟度有关，而且在一定程度上标志着纤维质量，正常的麻茎色泽应在浅黄与黄绿之间。栽培密度稀，或者施氮过多，则麻茎粗，色泽发绿，分枝多，木质部发达，纤维束松散，出麻率低。亚麻茎的长度分株高和工艺长度，株高是指由子叶痕至植株最上部蒴果顶端间的长度；工艺长度是由子叶痕到第一个分枝着生处的长度。株高一般 40～120 cm，最高可达 150 cm，不同类型的亚麻株高差异较大。茎粗 1～5 mm。工艺长度、茎粗细、分枝和色泽，是纤维亚麻品质的极重要标志。一般麻茎中部直径 1～1.5 mm，上下粗细均匀、顶端分枝少、花序小、工艺长度长，最适于工艺要求，纤维品质好，长麻率高。过粗的麻茎出麻率低，纤维品质差。

通常一株亚麻只有一个茎。稀植情况下，在子叶叶腋处可生出次生茎，有些品种甚至可在主茎基部第一叶片叶腋处生出次生茎。麻茎细而均匀，茎部不分枝，仅上部有少数分枝。分枝的长度和数量取决于亚麻类型。纤维亚麻在密植的情况下，麻茎基部不分茎，仅上部有 3～5 个分枝；稀植时茎部有分茎，而上部分枝也多。油用亚麻分枝很强，种子产量高。

（三）叶

亚麻的叶为绿色，全缘，无叶柄和托叶。三出叶脉，二条侧脉并不着生在中脉基部而来自茎维管束。叶和茎覆盖一层厚度不等的蜡质。下部叶片互生，一般呈螺旋状生于茎的外围。叶较小，一般叶长 1.5～3 cm，叶宽 0.2～0.8 cm。全株叶片一般在 50～120 枚。

由于叶片在茎上的着生部位不同，其形状、大小以及在茎上的排列方式和着生密度都有所不同。种子萌发后出土的一对子叶呈椭圆形。植株下部的叶片较少，呈匙形，一般为互生。中部叶片较大，呈纺锤形。上部叶片细长，呈披针形或线形。纤维亚麻的叶片数少于油用亚麻和油纤两用亚麻。

（四）花

亚麻为二歧或多歧总状聚伞形花序。一般情况下，二歧聚伞花序由一个顶端着生一朵花的一级分枝和数量有限的二级分枝组成，较少有三级分枝。三级分枝也可像一级分枝那样继续分枝并着生数量不定的花。这些花构成多歧聚伞花序。一株健壮的亚麻，可沿着一级分枝生出超过五级的次生分枝。

花着生在分枝的顶端，呈漏斗状或圆碟状。花的颜色多为蓝、浅蓝色、蓝紫色、白色，少数也有粉色和红色。亚麻花属于五元构成类型。花有花萼、花瓣、雄蕊各 5 枚，雌蕊 1 枚，柱头 5 裂。雄蕊与花瓣同数而互生，花丝基部连合。上位子房，呈球形，多为 5 室，每室有胚珠 2 个，受精后发育成种子。

栽培亚麻是自花授粉作物。异花授粉率通常不高，一般为 1%～3%。一朵亚麻花的开放持续时间只不过几个小时，凌晨开放，中午左右凋谢，下午或晚上便不再开花。在凉爽阴郁的天气条件下，落花较晚，开花可持续一整天。在同样的温度和光照条件下，油用亚麻的开花持续时间通常较长，异交率高的材料花凋谢较慢，开花持续时间长，为异花授粉创造了更多的机会。

花临开之前，花冠明显超出花萼但仍旧卷抱在一起，只是翌日日出时才舒展，有时也在黎明前开花。在花蕾状态时花丝尚短，花药和花粉粒只有较少的色素沉着，雄蕊发育不完全，开花的时刻花药才裂开。

进行人工杂交时只需在卷曲的花冠超过花萼的情况下对花蕾实行去雄。一般在前一天 15—17 时，选择花瓣露出花萼 1/3 的花朵，这种花蕾翌日便可开放，用手指捏住花蕾，用镊子拔去花冠，去掉 5 枚雄蕊，去雄后套袋隔离。翌日早晨柱头比较敏感，应在此刻进行授粉。授粉要注意早些进行，因为花药在日出见光后很快散出花粉。

（五）蒴果

子房发育成为具有 5 室的球状蒴果，也有卵形或略长的卵形蒴果，通常蒴果的形状和体积与种子的形状和体积相关。蒴果顶端稍尖，每室被一不完整中隔分为两半，正常情况下含有两粒种子。成熟时果皮呈黄褐色，不同程度地开裂，裂缝沿着分隔心皮的隔膜形成的。心皮脊脉处也有裂缝，但不太明显。隔膜由紧贴在一起的两层构成，开裂时以室为单位彼此分开。

绝大部分栽培亚麻品种，其蒴果为半开裂型。裂缝沿着心皮接合线，有时也沿着心皮的中脉产生，但裂开的部分没有分散或没有完全分散而使种子逸出。干热的天气促使蒴果开裂，某些起源于热带国家（印度、埃塞俄比亚）的品种完全不开裂，心皮接合部无裂缝。野生亚麻和个别品种蒴果为开裂型，心皮之间裂缝很宽，使种子落地。一些蒴果坚硬组品种的特点是在成熟前蒴果上有强烈的紫色花青苷色素沉着，蒴果同时木质化，很难破碎。印度半岛、印度旁遮普邦以及地中海东南部的一些品种属此类型。

同心皮边缘相连的和心皮中脉连接的两种不完整类型的隔膜，其边缘均有茸毛，可将隔膜有毛品种和隔膜无毛品种加以区分。北欧起源的纤维用亚麻以及埃塞俄比亚茎极短的油用亚麻组，其隔膜无毛。摩洛哥大粒种亚麻的隔膜均有毛。其他组则由有毛和无毛的混合植株组成，其中有毛植株通常占绝大多数。

形成蒴果数量与分枝密度成正比，但也受其他各种因素影响，还与植株生育状况有关。在正常发育条件下，一般每个蒴果可结 8～10粒种子。纤维亚麻每株1～10个蒴果或更多，兼用亚麻每株 10～40个蒴果或更多，而油用亚麻每株40～100个蒴果或更多。

（六）种子

亚麻的种子呈扁卵形，前端稍尖且有一个略微弯曲的喙。种喙的曲率是品种特性之一，种喙曲率分为三级，即钩形喙、半钩形喙和直形喙。种子表面平滑有光泽，颜色有褐、棕褐、深褐、浅黄色、乳白色等。种子的大小及重量，因品种及栽培条件不同有所不同，种子的大小变化很大，千粒重差别很大。有些野生亚麻种子千粒重很小，仅有0.8 g；纤维用亚麻千粒重为4～6 g；油用亚麻种子体积最大，千粒重5～16 g。种子一般长3.2～4.8 mm，宽1.5～2.8 mm，厚度0.5～1.2 mm。亚麻种子含油35%～45%，蛋白质24%～26%，无氮浸出物为22%，其他为灰分和水。

亚麻种子是由种皮、胚乳、胚3部分构成，种皮由角质层、表皮层、薄壁细胞层、石细胞层、第二薄壁细胞层和色素层组成。种子的表皮层内含有果胶物质，吸水性强，遇上阴雨天，容易引起种子变黏，失去种皮光泽。石细胞层保持种皮的硬度，而第二薄壁细胞层和色素层使种子具有色泽。种皮下面为蛋白质层或胚乳层。胚乳含有丰富的蛋白质和油脂细胞层，在发芽时向胚芽输送营养物质。胚由两片子叶、胚芽和胚根组成。

二、生长发育特性

（一）北方春季播种亚麻生长发育阶段

在我国北方，亚麻春季播种，气温回升快，亚麻生育期比较短，一般只有 80～90 d。亚麻的生育期分为出苗期、枞形期、快速生长期、开花期和成熟期（图 2-1）。整个生育期纤用亚麻 70～80 d，油用亚麻及纤籽兼用亚麻为 90～100 d。

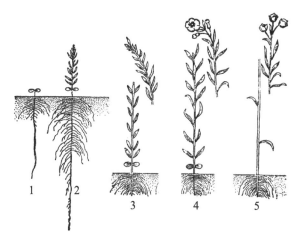

图 2-1　亚麻的生长发育

1. 苗期；2. 枞形期；3. 快速生长期；4. 开花期；5. 成熟期

1. 苗期

亚麻播种后，在水分、温度条件适宜的情况下，种子开始萌发，首先子叶和胚根开始膨大，然后根突破种皮而伸入土中，胚芽也迅速向上伸长，子叶顶出地面。有 50% 的幼苗出土，子叶展开的日期为出苗期。子叶出土后变为绿色，开始进行光合作用，这时幼根也开始从土壤吸收营养物质。出苗快慢与土壤温度、水分密切相关。正常条件下，一般播种到出苗 7～9 d，整个苗期 15 d 左右。

2. 枞形期

幼苗出土后 25 d 左右，植株高度 5～10 cm，出现 3 对以上真叶，这些真叶紧密积聚在植株顶部，呈小丛树苗状，所以称为枞形期。此期地上部生长缓慢，每昼夜地上部生长速率为 0.3～0.6 cm；

而地下部分生长迅速，在株高 5 cm 左右时，根系长度可达 25～30 cm。枞形期一般为 20～30 d。

亚麻进入枞形期，植株花序的花芽分化基本结束。全株花序完成分化的时间 5～7 d。此时纤维细胞早已形成，但数量很少，细胞腔大壁薄，呈椭圆形以链状疏松排列于韧皮层。

3. 快速生长期

枞形期过后即进入快速生长期，植株的旺盛生长是靠节间伸长进行的。此期特点是植株顶端弯曲下垂，麻茎生长迅速，每昼夜生长速率可达 3～5 cm，其中，以现蕾前后到开花的两周左右生长最快。在整个生育期中，麻茎的生长速度因亚麻品种类型不同而有差别。生育初期以油用亚麻类型生长较快，在出苗后 30 d 内株高为收获时的 39%～53%，而纤用亚麻类型仅为 22%～31%，但生育后期则以纤用类型的生长较快，收获时的株高也以纤用亚麻类型为最高。

同一品种类型的麻茎生长速度，由于播期、播种方法不同而有差异。一般早播麻茎生长速度较慢，平均每天生长速度 1.2～2.4 cm，而晚播的麻茎生长速度较快，为 2.2～3 cm。亚麻植株昼夜都生长，但生长速率在一天之内有差异，一般早晨生长最慢，以后渐快。快速生长期约为 20 d，有 50% 的植株孕蕾，茎中大量形成纤维，生长锥分化结实器官，决定纤维的产量和品质，也关系到种子产量，因此，需供给充分的水分和营养，才能获得优质高产的原茎、纤维和种子。

4. 开花期

亚麻从现蕾到开花需 5～7 d。纤用亚麻自出苗到开花为 50～60 d，开花期 10 d 左右；油用亚麻花期较长，从始花到终花 10～27 d，亚麻开花历时 3～5 h，当亚麻植株开始开花时，亚麻茎仍继续伸长，到开花末期则完全停止。亚麻停止生长以后，虽然外界环境适宜，但对麻茎继续伸长无显著影响。但雨水过多，会使亚麻茎秆继续保持绿色，易出现贪青晚熟。亚麻开花期的田间植株标准是 10% 植株开花为始花期，50% 植株开花或麻田有 2/3 植株第一朵花开放时为开花期。

5. 成熟期

纤用亚麻开花后 15～20 d 达到成熟期，油用亚麻 30～40 d 达到成熟期。按发育过程可分为 3 个阶段，即绿熟期、黄熟期和完熟期。

（1）绿熟期 即开花后不久，此时麻茎和蒴果尚呈绿色，下部叶片开始枯萎脱落，种子还没有充分成熟，压榨种子时能压出绿色的小叶和叶腋，这个阶段的种子品质很差，不能作种子用。

（2）黄熟期 即工艺成熟期，是纤维品质最好的时期。全株蒴果大部分黄色或淡黄色，蒴果中的种子多数已变淡黄色，少数种子变成褐色，尚有少数种子为绿色，种子坚硬有光泽。纤维品质也好。黄熟时麻茎迅速木质化，表皮变黄绿色，麻田中麻茎有 1/3 变为黄色，茎下部 1/3 叶片脱落，蒴果 1/3 变黄褐色，即纤维成熟期，种子呈棕黄色。

（3）完熟期 即种子成熟期。此时麻茎变褐色，叶片脱落，蒴果呈暗褐色，且有裂缝出现，摇动植株时种子在蒴果中沙沙作响，种子坚硬饱满，但纤维已变粗硬，品质较差。

纤用亚麻的田间植株标准是 50% 以上植株具有工艺成熟期的特征时，即为纤用亚麻工艺成熟期；油纤兼用和油用亚麻的田间植株特点是 50% 以上植株具有黄熟期和完熟期的特征时即分别为兼用和油用亚麻的适宜成熟期。

（二）南方秋冬季播种亚麻生长发育阶段

在我国南方亚麻秋冬季播种一般在 9—11 月，多数在 10 月播种，由于冬季气温低亚麻生长比较慢，生育期比较长，生育期一般在 120～180 d。秋冬播种亚麻的生育期也划分为出苗期、枞形期、快速生长期、开花期和成熟期 5 个阶段。但是各个阶段的时间有不同程度的变化。

1. 出苗期

出苗期又称子叶期，只有一个小芽和子叶，芽以后发育成具有叶、花、果实和种子的茎。生产上以 50% 的幼苗出土，子叶展开的日期为出苗期。一般在 9 月至 10 月中旬播种，若土壤水分适宜，温度适宜，5～10 d 即可苗期。

2. 枞形期

枞形期又称缓慢生长期，株高 3～5 cm，具有 3～4 对真叶，叶片密集，植株像枞树苗，此时开始进入枞形期。此时亚麻地上部生长缓慢，平均每天生长 0.1～0.2 cm（10 d 平均值）。亚麻前期根系生长迅速，一般种子发芽后 1 周左右，根即可深达 15～22 cm 的土层中，并形成密而纤细的根系。枞形期一般持续 8～9 周。此时应注意保持土壤水分、清除杂草、追施肥料，保证亚麻正常生长。

3. 快速生长期

枞形期过后，植株高度达 15 cm 左右，其地上部即进入快速生长期，茎尖生长点侧偏，平均每天生长量 0.5～3.5 cm（10 d 平均值）。此时期的长短因天气和品种而不同，气温高的西南地区一般50～60 d，中东部地区可持续 80～90 d。此时茎中大量形成纤维，生长点开始分化繁殖器官，因此，快速生长期是决定亚麻原茎产量、纤维产量及品质的关键时期。此阶段必须保证亚麻生长所必需的水分和养分，才能获得高产。应该说明的是，快速生长期与现蕾期、初花期是重叠的。

4. 开花期

亚麻现蕾至初花需 3 周左右，开花一般持续 4～5 周。现蕾到开

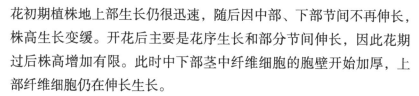

花初期植株地上部生长仍很迅速，随后因中部、下部节间不再伸长，株高生长变缓。开花后主要是花序生长和部分节间伸长，因此花期过后株高增加有限。此时中下部茎中纤维细胞的胞壁开始加厚，上部纤维细胞仍在伸长生长。

5. 成熟期

终花后 2～3 周即达工艺成熟期，1/3～1/2 蒴果呈褐色，茎下部叶片脱落或枯干，表皮变黄，麻茎迅速木质化。根据种子的成熟度，成熟期又可分为绿熟期、黄熟期、完熟期 3 个阶段。

（1）绿熟期 在开花后不久，蒴果和茎尚呈绿色，此时种子尚未成熟，完全不适合做播种材料。茎下部叶片枯萎，茎中部纤维细胞壁尚未完成加厚，纤维拉力很差。

（2）黄熟期 黄熟期又称工艺成熟期。此时，1/3 蒴果呈黄褐色，种子达正常大小，且有个别种子呈黄褐色；其他的蒴果黄绿色，种子浅绿色，且有黄色的种脊；茎的上部呈绿色，而下部叶片干枯或脱落，茎色变黄，茎中部纤维细胞壁完成加厚；纤维木质化很少，纤维拉力最大，品质好，是纤维亚麻的最佳收获期。当水肥充足时，茎上叶片浓绿，判断其是否达到工艺成熟期主要看黄褐色蒴果是否达到 1/3 以上。

（3）完熟期 此时多数蒴果变黄色或褐色，种子充实饱满、坚硬、有光泽，呈固有颜色，晃动蒴果可听到响声。叶片变黄，2/3 以上叶片脱落，茎中纤维木质化严重，出麻率和纤维品质下降，纤维粗硬，拉力差。此时收获的纤维纺成麻纱，其断头率是黄熟初期收获纤维的 3 倍。此时种子质量较好，种子产量最高，繁种田应此时收获。

由于气温、光照、水分、播期等因素的差异甚大，南方亚麻的总生育天数比北方明显增多，尤其是营养生长阶段（枞形期），以及营养、生殖生长并进阶段（现蕾开花期）。

第二节　亚麻的纤维发育规律

一、纤维细胞

从亚麻原茎中得到的纤维由纤维细胞（单纤维）组成。纤维细胞呈细长纺锤形，由外壁和纤维腔组成。外壁由中胶层、初生壁和次生壁组成，内腔小而外壁厚的细胞较坚固，内腔大小受栽培条件的影响极大，同时由于纤维细胞在原茎部位的不同，其内腔大小也不同。在茎的发育初期，纤维细胞是充满原生质的圆形细胞。随着茎的生长，纤维细胞相应伸长，横断面也逐渐由圆形变为多角形（图 2-2）。通常亚麻茎下部纤维细胞的形状主要是椭圆形和圆形，中部以上则为多角形。纤维细胞的形状在很大程度上因栽培条件而异，良好的栽培条件亚麻纤维细胞横切面呈多角形，其工艺价值最大，因为细胞间结合紧密，保证了纤维的机械强度。

纤维细胞的长度一般为 20～50 mm，最长可达 120 mm，直径为 10～30 μm，长宽比为 1 200：1。细度越大，纤维质量越高。纤维细胞的长度因茎的高度而不同。茎高，纤维细胞长度大，在同一茎内，越向上部，纤维细胞的长度也越大。在粗度相同的情况下，纤维细胞受茎高度的影响。有时从粗的茎中也能得到较长的纤维，但粗茎中纤维细胞的横切面为圆形，内腔大，较松脆，此时纤维品质不佳。

图 2-2　亚麻茎的横断面

1.表皮；2.薄壁细胞；3.纤维细胞；4.导管；5.纤维素；6.单纤维
（引自：李宗道，1980）

二、纤维束

　　亚麻的茎由表皮层、韧皮部、形成层、木质部和髓组成（图 2-3）。表皮层由一层薄壁细胞组成，外面附有一层角质层和蜡质，可以减少水分蒸发和病虫的侵害。韧皮部在表皮的内侧，由较少较长的薄壁细胞组成，在这些细胞里积聚着一群一群的多角形厚壁细胞，即纤维细胞，每一群纤维细胞为一个纤维束。每一个纤维束由 30～40 个纤维细胞相互胶结而成，均匀分布在麻茎中，呈一圈完整的纤维层。纤维束有 4 种基本形状，即椭圆形、圆形、正切滑轮形（沿着茎的圆围拉长）和多种形状（具有不规整的边缘）。纤维束分布在整个麻茎中，由根部依纤维束的方向，有的纤维束一直到达茎的顶端，顺着茎长度，纤维束相互连在一起，也就是说，某一纤维束的部分可以成为另一纤维束的一部分。达到茎顶端的纤维束一直与根部连续，但在顶端游离的分枝，除走向花、种子外，也有向叶痕方向发展的，所以叶痕的数目及分布对纤维束的分布有重大意义。逆向抚摸亚麻纤维时，会发现毛羽蓬生的现象就是由于这个原因。韧皮部厚度由于茎的部位不同而有差异。纤维束之间被薄壁细胞所隔离，沤麻后破坏了这部分薄壁细胞，从而分离出一束一束的纤维。亚麻纺织性能在很大程度上取决于纤维束的形状，较好的品种纤维束呈规则的长椭圆形或边长相等的正切轮形。因为这种纤维束中的纤维细胞能紧密地贴在一起，直径均匀，所以纤维质量好。

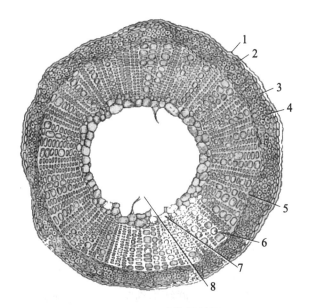

图2-3　亚麻茎的横断面

1.角质层；2.表皮细胞；3.薄壁细胞；4.纤维细胞；
5.形成层；6.导管；7.髓部；8髓腔

（引自：李宗道1980）

韧皮部厚度由于茎的部位不同而差异。一般茎基部的韧皮部最小，愈近梢部的韧皮部愈大。韧皮部愈发达，麻茎中纤维比率愈大。

形成层是由一层排列整齐、柔软、致密的细胞组成。形成层是分生组织，在麻茎生长中，它有向外分生韧皮部细胞、向内分生木质部细胞的功能，组成韧皮部和木质部。木质部由木质化的厚壁细胞组成，其中有导管，当导管形成时，内部原生质死去，导管逐渐变厚而木质化。髓在木质部的内侧，由大型薄壁细胞组成，细胞间隙较大，在麻茎成熟时髓细胞干枯而完全破裂，形成一个髓腔。亚麻的抗倒伏性的多数品种与木质部组织和厚壁细胞多少有关，但也有少数品种具有较少的木质化组织，且具有较大的初生纤维和维管束。

三、亚麻纤维

亚麻第一对真叶出现时，在茎的横切面上就能看到独立的点状物，零星分布于茎的韧皮部中，即纤维细胞的原始体，经纤维染色剂染色后呈金黄色。当亚麻进入枞形期，纤维细胞就已形成，但数量少，细胞腔大壁薄，呈椭圆形以链状疏松排列，分布于韧皮层中。当亚麻进入快速生长和现蕾期时，纤维细胞形成较快，呈环状比较紧密地排列2～3层。细胞呈圆形，细胞壁加厚数层，细胞腔呈圆孔状。当亚麻进入开花期，纤维细胞大量形成，成群增多，是整个生育期中纤维细胞形成和积累最旺盛的时期。细胞壁加厚，细胞腔由大缩小，细胞由圆形变为多角形或菱形，细胞之间彼此紧密连在一起，形成纤维束。开花后直到工艺成熟期，纤维细胞形成基本停止，数量不再增加，细胞壁进一步加厚，细胞腔由小圆孔状缩小到点状，细胞呈明显多角形或菱形，工艺成熟期纤维的品质最好。由工艺成熟期到完熟期，纤维细胞逐步木质化，使纤维逐渐变硬、变脆、变粗，柔软度降低，拉力减小，品质明显变坏。所以在工艺成熟期适时收获，对保证纤维品质的优良特性有重要作用。亚麻的茎细长呈圆柱形，生育期间呈绿色或深绿色，表面光滑，覆有蜡被，成熟后变黄。麻茎的色泽与成熟度有关，而且在一定程度上标志着纤维质量，正常的麻茎色泽应在浅黄与黄绿之间。栽培密度稀，或者施氮过多，则麻茎粗，木质部发达，纤维束松散，出麻率低，纤维品质差。

第三节　影响亚麻生长发育的环境因素

一、温度

纤用亚麻适宜于温和、湿润的气象条件，生育期内气温不太高，逐渐上升，变化不剧烈，有利于产量和品质提高。

亚麻种子充分吸水后，发芽、出苗的快慢与温度有关。亚麻种子能在 1～3 ℃ 的低温条件下发芽，但发芽出苗慢，易得立枯病。当温度低于 1 ℃ 时就不能发芽。亚麻发芽出苗的速度随温度的升高而加快，温度为 20～25 ℃ 时发芽最快。不同温度下的亚麻籽发芽试验表明，亚麻籽发芽的最适温度为 25 ℃，发芽率为 93%（党玲等，2020）。高温容易形成弱苗，发芽最快的温度并不是最适宜播种的温度。因此，亚麻播种以土温 7～8 ℃，平均气温 4.5～5 ℃ 为宜。由于亚麻种子在低温下具有发芽能力的特点，有利于抢墒播种保全苗。

种子发芽过程中掌握适宜的发芽温度，是提高产品质量和产量的重要因素。亚麻幼苗出土子叶即将展开时，抗寒力较弱，遇低温易遭冻害，造成缺苗，影响产量和品质，亚麻两对真叶时对低温的忍耐能力较强，短暂的 -3～-1 ℃ 微冻对幼苗影响不大。更低或较长时间的霜冻仍可使幼苗受损伤，甚至死亡。亚麻在生育初期能忍耐短期 -8～-6 ℃ 的低温。

亚麻幼苗的主根在温度 25 ℃ 的条件下，第一天长 1～1.5 cm，以后每天伸长 2～2.5 cm，5 d 后根长可达 10～12 cm，6 d 后生长骤减，侧根开始生长。在 7 ℃ 条件下，10 d 内根部每天生长 3～4 mm，22 d 后仅 5.5 cm。亚麻现蕾期的生理临界温度随品种类型而异，变化幅度在 0～4.5 ℃。亚麻花粉在 23～26 ℃ 和日光下，可保持萌发力 3 d。18～20 ℃ 和阴凉处，可保持萌发力 6 d。开花期 32 ℃ 以上的持续高温，会导致种子大小、产量和含油量乃至油品质降低。

总之，亚麻生育期间要求冷凉湿润的气候条件。从出苗到成熟需积温 1 500～1 800 ℃。从出苗到开花日平均适宜温度为 15～18 ℃，有利于亚麻生长，麻茎长得高，细而均匀，产量和质量高。若在快速生长前期，日均气温超过 22 ℃ 时，则加快麻茎发育，提前现蕾开花。由于麻茎长得快，纤维组织疏松，导致纤维产量、质量降低。但开花期以后温度稍高，对纤维产量和质量影响不大，且有利于种子成熟。

二、光照

亚麻为长日照作物。日照缩短时，发育延迟；持续光照，发育加快。它在长日照（13～15 h）条件下顺利地通过光照阶段，促进开花和成熟。若亚麻每天光照少于 8 h，则不能通过光照阶段，延长营养生长期。在密植和云雾较多的条件下，由于光照不足，营养生长期延长，麻茎长得高，分枝少，原茎产量高，纤维品质亦好。从开花到成熟阶段，则需要充足的光照，促进纤维细胞发育成熟。反之，就会影响纤维细胞增厚和成熟，麻茎易倒伏，导致产量、质量下降。当光照降低至正常光照的 1/3 时，则不能开花结果。

影响光照阶段主要的气象因素是日照，其次是温度，而光照阶段以后主要是受温度的影响。纤用亚麻以收获原茎和纤维为主，而亚麻的光照阶段恰是茎的生长快速期，因此在栽培技术上采取早播措施，使它在较低温度下通过光照阶段是十分重要的。

纤用亚麻和油用亚麻对光强的反应不同。纤用亚麻是亚温带作物，它不要求强烈的光照，而适于云雾多、日照较弱、漫射光较多的气候条件；但在开花以后，则以云雾较少，光照充足为宜。油用亚麻对光照条件要求恰恰与纤用亚麻相反，它在强烈光照条件下，分枝多，种子产量高。因此，纤用亚麻适宜栽培在高纬度地区，而油用亚麻适宜栽培在相对较低纬度地区。

三、水分

亚麻是需水较多的纤维作物。种子需要吸收其本身重量的水分，才能发芽。亚麻每生成 1 份干物质需要 400～430 份的水，其需水量比一般禾谷类作物多，约为粟的 3 倍。亚麻的需水量随植株的生长而增加。从出苗到快速生长前期的耗水量占全生育期总耗水量的 9%～13%；从快速生长期到开花末期为亚麻一生中需水的临界期，占 75%～80%；开花后到工艺成熟期占 11%～14%。亚麻自出苗到开花盛期，土壤持水量以 80% 为最好，土壤持水量 40% 将使亚麻受旱，产量受影响，开花末期到成熟期土壤持水量以 40%～60% 为宜。5—8 月平均气温低，雨量分布均匀，则纤维品质良好。世界著名优质亚麻产地如法国、比利时亚麻产区，播种期气温 7℃左右，收获期气温 17℃左右，而且气温是逐渐上升的，生育期月平均降水量 60～80 mm。实践证明，全年降水量 450 mm 以上、亚麻生育期总降水量在 100 mm 以上的地区适宜种植亚麻。

亚麻生育期高温干燥，纤维发育不良，单纤维短，缺乏弹性，而在凉爽湿润条件下，则纤维长而柔软，富有弹性。出苗到开花雨量多，且分布均匀，开花到成熟阶段雨量较少而光照充足，有利于麻茎的营养生长和纤维发育，这样麻茎生长高、细而均匀，有利于

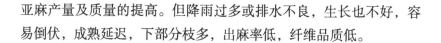

亚麻产量及质量的提高。但降雨过多或排水不良，生长也不好，容易倒伏，成熟延迟，下部分枝多，出麻率低，纤维品质低。

四、土壤

亚麻由于根系发育的特点，它对土壤条件要求比较严格。亚麻要求土层深厚，土质疏松，保水保肥力强，排水良好，没有杂草的土壤。东北亚麻产区以结构良好、营养物质较丰富的黑钙土和淋溶黑钙土为最好。沙土保水保肥力差，黏土春季地温上升慢，土壤容易板结，出苗不整齐，保水、排水均差；腐殖质土发芽整齐良好，原茎产量高，但韧皮层薄，木质部所占比例大，出麻率低；泥炭土纤维色泽不良；富含石灰质土壤纤维粗糙、脆弱。土壤 pH 值以微酸性至中性为宜。

五、营养

亚麻与其他作物一样，需要氮、磷、钾三大元素，每生产 100 kg 干物质需从土壤中吸收 N 1.2 kg、P_2O_5 0.49 kg、K_2O 1.8 kg，氮、磷、钾比例为 1：0.48：1.5。除氮、磷、钾三要素以外，亚麻同样需要各种微量元素。亚麻生长发育过程中，由于某种营养元素的缺乏，对产量发生极不良影响的时期，叫临界期。亚麻不同生育期所要求三要素的临界期也不同。充分满足各临界期对营养的要求，对提高亚麻产量和质量是十分必要的。

（一）氮

氮是影响亚麻产量、质量的主要营养元素。氮可以促进茎叶旺盛生长，增加叶绿素含量，增强光合作用，对纤维产量、质量有良好的作用。不同生育期对氮素要求不同。亚麻枞形期到现蕾期这一阶段，缺氮影响最大，现蕾到盛花期影响较小。亚麻全生育期，从出苗到开花期止，吸收氮量占总氮量的 45%～87%，吸收量多少依赖于土壤中含氮量和气候条件。不同种类的氮肥对亚麻产生效应不同。施用铵态氮和硝态氮对亚麻产量无显著影响，但二者对亚麻的生长发育和纤维品质有差异。施铵态氮的亚麻发育较快，麻茎较细，木质部较不发达，并且增加长纤维的数量，纤维弹性、伸长度、整齐度和纤维素含量也增加，其浸渍过程也较快。亚麻产量随着施氮量增加而增加，但增加到一定限度时，增产不显著，而且促进麻茎韧皮部木质化程度。施用氮素过多会使亚麻植株生长迅速，造成徒长而发育缓慢，延长生育期，组织柔弱，贪青倒伏，易感染病虫害，降低纤维产量和质量；施用氮素过少，则植株矮小、瘦弱，产量和质量下降。

（二）磷

亚麻是属于需磷较少的作物。充足的磷肥对根系发育有较好的作用，吸收磷前期较慢，后期较快。亚麻从出苗到枞形期施磷，对根系的发育有良好作用。开花至结实期需磷较多，尤以开花前后需磷最多。磷肥可增加纤维细胞数目，减少细胞壁木质化程度，对促进纤维发育，提高纤维品质及纤维产量、长麻率和强度以及种子产量有重要作用。磷素过多，使亚麻茎叶生长受到抑制，植株矮小，营养生长期缩短，植株早衰。缺磷，不但影响纤维产量、质量，而且影响成熟。亚麻对磷肥需要虽较少，却不能忽视。

（三）钾

亚麻是需钾较多的作物，在整个生育期都需要钾。钾肥充足能使叶绿素含量增加，促进光合作用，茎秆粗壮，提高抗旱、抗倒伏能力，减少病害的发生，增加纤维产量，改善品质，促进种子形成，提高种子产量。亚麻在生育前期，需钾量虽然不多，但缺钾将显著降低原茎产量和纤维品质。现蕾及开花期缺钾，将明显降低种子产量。亚麻植株含钾丰富时，植株下部含量高于上部，缺钾时则相反。

施用钾肥不仅可以使茎秆粗壮而保持直立，而且可通过降低植株重心高度及提高茎秆的机械抗折力而降低倒伏的风险，进而提高千粒重和籽粒产量。重心高度及综合的抗倒伏指数随施钾量的增加而增加（王月萍等，2020）。钾肥能降低其株高，增加茎粗和茎秆鲜重，对提高其抗倒伏性将具有更好的效果。不同亚麻品种对钾肥的耐受性差异较大，在生产中则要注意针对不同品种制定相应的施肥措施（邓欣等，2014）。

不同品种对钾的反应也不同，黄文功（2020）等认为钾高效利用品种与钾低效利用品种相比，低钾胁迫下钾高效利用亚麻品种的生物质干重、根干重、根冠比、根体积和总根表面积下降幅度低于钾低效利用品种，说明钾高效利用品种对缺钾环境具有较强耐受性。因此，选用钾高效亚麻品种有利于钾肥的减施，对亚麻生产具有指导意义。

（四）微量元素

硼与植物细胞结构、组织分化、碳水化合物的合成与运输以及蛋白质和核酸代谢有密切关系，对植物的生殖器官的发育及授粉受精也有着极其重要的作用。硼能促进光合作用，有利于亚麻植株的正常生长发育，增强亚麻的抗寒、抗旱能力，改善子房的营养条件，使种子饱满，从而提高亚麻纤维和种子的产量，并能促进抗毒素松柏醇的合成，有利于抗细菌性病害，还可提高纤维品质。缺硼可使亚麻器官中油脂和磷脂含量减少，抑制柱头细胞伸长，后期叶绿素少，造成减产。亚麻在枞形期每千克干物质中平均含硼 $8 \sim 10.8$ mg。

随着植株的生长，亚麻对硼的需求量也在增长。繁殖器官形成期，缺硼导致生长点死亡，容易造成亚麻顶枯病的发生，徐加文等（2007）研究认为在亚麻顶枯病发生地区，通过基施含硼量 11.3% 的硼砂 20～30 kg/hm² 或在亚麻苗期、枞形期、快速生长期、现蕾期各喷施 1 次浓度为 0.2% 的硼砂，能有效控制亚麻顶枯病的发生。

锌是一些脱氢酶、碳酸酐酶和磷脂酶的组成元素，这些酶对植物体内的物质水解、氧化还原过程和蛋白质合成起重要作用。锌在植物体内的生理作用与叶绿素、生长素（吲哚乙酸）合成有关。缺锌会破坏种胚正常发育以及使花粉不能成熟，缺锌将引起叶片生长不正常，抑制纤维细胞的伸长，使叶绿体变小。锌可增加亚麻种子发芽力和地上叶片重量及叶绿素含量，促进光合作用、细胞分裂和延长，提高原茎和种子的产质量，并且提高油脂含量。

钙是植物生长发育所必需的营养元素之一，在植物的生理过程中起重要作用，钙可促进植株体内蛋白质和可溶性氮含量，低钙刺激叶片的呼吸作用，完全缺钙时，则呼吸作用显著上升。Ca^{2+} 对维持细胞质膜的完整性，与降低逆境下的膜透性等多种抗逆的生理过程有关，而且 Ca^{2+} 是偶联胞外刺激和胞内反应的第二信使，能够调节植物生长发育的各个方面，提高幼苗抗性。亚麻在营养生长期对钙反应敏感，干旱胁迫下浓度为 0.5 g/L 和 1.0 g/L 的氯化钙溶液可以显著提高亚麻种子的发芽势、发芽率、萌发指数和幼苗活力。适量施钙有增产作用；多施钙，则阻碍叶绿素的形成，还可减少土壤中铁、铜、锌的溶解度。

铜的生理作用特点是提高植物对一些真菌病害、细菌病害的抗性。施铜增加纤维和种子重量，并增强纤维强度，特别抗亚麻枯萎病，还可以增加叶片重量和叶绿素含量。在含有铜 0.02 mg/L 溶液中，加入等量锌，可增加铜对亚麻茎叶生长以及叶片中叶绿素数量和含量的作用；在含有锌的情况下，加入 0.01 mg/L 的铜更有利于亚麻的生长。因此，单施锌或铜，不如两者混施效果好。

　　钼对促进生长有一定作用。缺钼，亚麻植株生长和根的发育减弱。钼含量充足条件下，壮苗中氮、磷、钾、钙、镁、钠含量较高，而在缺钼条件下，上述元素较低。说明在土壤中含有一定量可吸收的钼，可促进其他元素的有效利用。

　　钠对纤维结构和品质有良好影响，能使纤维发育均匀，细胞壁加厚，但过量则纤维束断裂，纤维细胞变薄、变形。

第三章

亚麻栽培研究进展

第一节　亚麻水分胁迫研究

水涝是农业生产中的重大自然灾害。据联合国粮食及农业组织（FAO）和国际土壤科学联合会（IUSS）估计，全球频繁遭受洪涝灾害的耕地面积约占耕地总面积的 12%，导致农作物减产约 20%。

水涝的影响首先出现在根系。作为对淹水胁迫的主要适应方式，不定根可以瞬间取代缺氧死亡的最外层细胞。不定根根尖细胞具有较高的细胞分裂能力和生理活性，显著提高根系内部组织的孔隙度，提高对 O_2 的吸收和转运能力，有利于淹水胁迫下植物在土壤中的营养固定。此外，信号传递在抗涝性中也起着至关重要的作用。

我国南方存在大量的冬闲田，为亚麻的种植提供了可利用的土地。但降雨过多会导致农田水分堆积，严重影响亚麻产量和品质。水涝已成为我国南方亚麻生产的主要限制因素。因此，国家麻类产业技术体系亚麻生理与栽培团队 2011 年开始进行了一系列亚麻与水分有关的研究，主要研究结果如下。

一、水分胁迫对亚麻形态的影响

（一）苗期水分胁迫处理

苗期对盆栽亚麻进行 3 个等级的水分处理，对照为保持田间最大持水量的 75%～80%，干旱胁迫处理为保持田间最大持水量的 30%～40%，淹水胁迫处理为保持田间最大持水量的 120%～130%。在干旱胁迫下，Y4F082 在重度胁迫和中度胁迫处理中的存活率分别为 34% 及 55%，Agatha 在重度胁迫和中度胁迫处理中的存活率分别为 64% 及 87%，可见 Y4F082 比 Agatha 对水分干旱胁迫更敏感，而在淹水胁迫中 2 个品种都长势良好，存活率达到 100%。重度和中度水分胁迫对亚麻的株高及干物质的积累影响较大，淹水胁迫显著增加了亚麻的株高、茎粗及茎重，从表 3-1 也可看出同样条件下，无论是干旱还是淹水处理 Y4F082 比 Agatha 对水分变化更敏感。可见亚麻在苗期喜水，灌水足量才可保证亚麻的正常生长，而不同的亚麻品种间对水分的需求有差异。

表 3-1　苗期水分胁迫对亚麻生长的影响

	MY1	MY2	MY3	MY4	MA1	MA2	MA3	MA4
平均株高	14.83	9.833	13.83	15.67	22.83	11.5	15.67	24.16
与对照组比较（%）		66.29	93.26	105.6		50.36	88.61	105.84
平均茎粗	1.043	0.85	1.23	1.433	1.09	1.057	1.047	1.2
与对照组比较（%）		81.47	117.9	137.4		96.94	96.02	110.09
平均茎重	0.253	0.134	0.193	0.412	0.555	0.289	0.388	0.699
与对照组比较（%）		52.76	76.18	162.8		51.98	69.93	126.04

*注：M 是苗期，Y 是 Y4F082，A 是 Agatha；1 是对照，2 是重度干旱，3 是中度干旱，4 是淹水。

（二）花期水分胁迫处理

在花期对盆栽进行水分处理，重度和中度水分胁迫使亚麻的株高、茎粗及茎重减少，但干旱促进对根的生长，重度干旱处理的 Y4F082 与对照相比增长了 151%，Agatha 则增加了 129%。对于 Y4F082 淹水胁迫可增加亚麻的株高、茎粗及茎重，而对 Agatha 则会减少株高，茎粗及茎重（表3-2）。但淹水条件下，在花期植株叶片变黄，且有严重的倒伏现象。

表3-2　花期水分胁迫对亚麻生长的影响

	HY1	HY2	HY3	HY4	HA1	HA2	HA3	HA4
平均株高	67	61.3	54.67	83	68	51.8	73.3	64.3
与对照组比较（%）		91.5	91.5	124		76.1	108	94.5
平均茎粗	1.69	1.68	1.63	2.52	1.98	1.64	2.24	1.7
与对照组比较（%）		96.74	99.7	149		82.7	113	85.8
平均茎重	1.377	1.64	1.377	2.39	2.04	0.91	1.44	1.85
与对照组比较（%）		67.07	79.7	116		44.4	70.5	90.7
平均根长	8.2	12.4	8.6	4.8	8.2	10.6	7.2	2.6
与对照组比较（%）		151	104.9	58.5		129	87.8	31.7

＊注：H是花期，Y是Y4 F082，A是Agatha；1是对照，2是重度干旱，3是中度干旱，4是淹水。

二、水分胁迫对亚麻结构的影响

（一）水分胁迫对亚麻根结构影响

水分胁迫对快速生长期亚麻根的显微结构影响显著，干旱胁迫与对照相比，根的整体形态发生了显著变化，根的直径显著变小，皮层薄壁细胞干瘪、变形，向内凹陷，呈不规则形，中柱也随之发生形变，中柱内薄壁组织细胞变小、紧缩，且细胞壁强烈木质化，但中柱输导组织所占比例增大。而淹水胁迫的根皮层仅有部分薄壁细胞轻度变形，中柱部分变化则不明显（图3-1）。可见，干旱胁迫比淹水胁迫对快速生长期的亚麻根系发育影响更大。

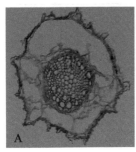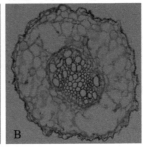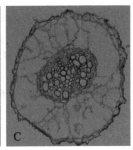

图3-1　亚麻根横切面结构

注：A、B、C分别为干旱、对照、淹水处理。

（二）水分胁迫对亚麻茎结构影响

茎的横切面由外到内分为表皮、韧皮部、木质部、薄壁细胞及髓。亚麻茎在干旱胁迫条件下与对照相比，韧皮薄壁细胞及木质部细胞萎缩，韧皮部与木质部部分分离，且木质部发生断裂，在淹水条件下其韧皮薄壁细胞增多，排列紧密，而木质部则相对变小，且增生出大量的薄壁细胞，髓部由于缺氧致使薄壁细胞破坏死亡，导致髓腔增大（图3-2）。可见干旱胁迫和淹水胁迫对亚麻快速生长期的茎结构都有较大的影响。

（三）水分胁迫对亚麻叶结构影响

从图3-3中可以看到，干旱胁迫处理的亚麻叶片厚度与主脉厚度都变薄，叶表部分皱缩，且细胞排列紊乱，淹水胁迫与对照处理的叶片则组织排列整齐且较紧凑（图3-3）。可见干旱胁迫对于快速生长期的亚麻叶片的影响更大。

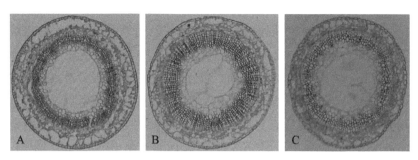

图3-2 亚麻茎横切面结构

注：A、B、C分别为干旱、对照、淹水处理。

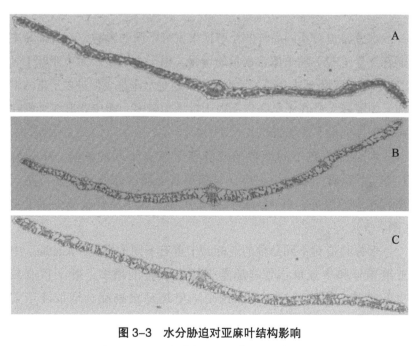

图3-3 水分胁迫对亚麻叶结构影响

注：A、B、C分别为干旱、对照、淹水处理。

三、水分胁迫对亚麻生理的影响

采用盆栽方式对快速生长期的亚麻进行持续干旱和淹水胁迫处理，供试材料为A-96。采用盆栽控水法，亚麻快速生长期（播种后第70～85 d）进行水分处理，水分处理为3个等级，对照为正常水分处理，为保持田间最大持水量的75%～80%，干旱胁迫处理为保持田间最大持水量的30%～40%，淹水胁迫处理为保持田间最大持水量的120%～130%。水分胁迫处理前及第1d、第4d、第8d、第12d、第16 d取样，测定其对亚麻影响，结果如下。

（一）水分胁迫对不同品种亚麻根、茎、叶干重的影响

水分胁迫对不同品种的亚麻根干重有不同的影响，Agatha和中亚麻2号（Z2）随土壤含水量的增多，根干重增多。而中亚麻1号（Z1）和中亚麻3号（Z3）无论是干旱还是水淹都会促进根干重的增加，中亚麻1号在干旱条件下根干重增加较多，而中亚麻3号则在淹水条件下根干重增加较多（图3-4）。

水分胁迫对不同品种的亚麻茎干重有不同的影响，中亚麻1号、中亚麻2号和中亚麻3号都随着土壤含水量的增多，茎干重有减少的趋势。而Agatha无论是干旱还是水淹都会减少茎干重（图3-5）。

水分胁迫对不同品种的亚麻叶干重有不同的影响，Agatha、中亚麻1号和中亚麻2号都随着土壤含水量的增多，叶干重有减少的趋势。而中亚麻3号无论是干旱还是水淹都会增加叶干重（图3-6）。

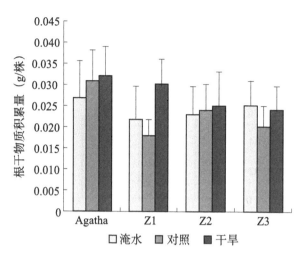

图 3-4　水分胁迫对不同品种亚麻根干物质积累的影响

注：Z1 为中亚麻 1 号，Z2 为中亚麻 2 号，Z3 为中亚麻 3 号。

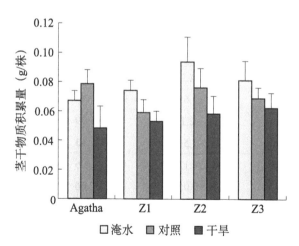

图 3-5　水分胁迫对不同品种亚麻茎干物质积累的影响

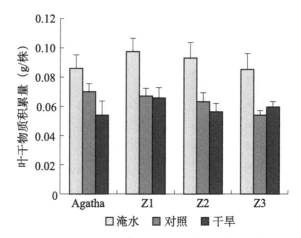

图 3-6　水分胁迫对不同品种亚麻叶干物质积累的影响

（二）水分胁迫对不同亚麻品种生长形态的影响

表 3-3　水分胁迫对不同亚麻品种生长形态的影响

指标	品种	干旱胁迫	淹水胁迫	对照
根长	Agatha	7.85 ± 4.79	4.22 ± 1.37	5.09 ± 1.23
	Z1	8.07 ± 1.65**	3.06 ± 1.06**	4.37 ± 0.93
	Z2	6.55 ± 2.15	4.67 ± 1.39	5.05 ± 1.33
	Z3	6.31 ± 1.53**	4.65 ± 1.13	4.38 ± 1.1
茎粗	Agatha	0.39 ± 0.12**	0.66 ± 0.06	0.64 ± 0.08
	Z1	0.39 ± 0.05**	0.61 ± 0.06	0.61 ± 0.09
	Z2	0.35 ± 0.07**	0.63 ± 0.12	0.58 ± 0.09
	Z3	0.71 ± 0.88	0.63 ± 0.11	0.59 ± 0.06
株高	Agatha	13.00 ± 1.25**	11.64 ± 1.75**	14.71 ± 1.49
	Z1	14.06 ± 1.56	12.17 ± 1.88	12.79 ± 1.13
	Z2	12.62 ± 4.64	15.67 ± 1.83	15.47 ± 2.18
	Z3	12.5 ± 1.33**	13.65 ± 2.02*	15.47 ± 1.51

注：* 与对照组比较有显著性差异 $P<0.05$，** 与对照组比较有极显著性差异 $P<0.01$。

　　从表3-3可以看出，水分胁迫对不同品种亚麻的生长形态影响不同。与对照处理相比较，淹水胁迫处理显著降低了中亚麻1号的根长，而干旱胁迫则显著增加了中亚麻1号和中亚麻3号的根长。中亚麻1号的根长变化尤为突出，显示中亚麻1号的根系发育对水分胁迫较为敏感。而干旱胁迫都能显著减少Agatha、中亚麻1号、中亚麻2号的茎粗，中亚麻3号茎粗不受影响。淹水胁迫对4个品种亚麻的茎粗都不造成影响。无论是干旱胁迫还是淹水胁迫都能显著降低Agatha和中亚麻3号的株高，而中亚麻1号和中亚麻2号则不受影响。

（三）水分胁迫对不同亚麻品种生理影响

1. 水分胁迫对不同亚麻品种叶绿素含量的影响

　　无论是淹水胁迫还是干旱胁迫会导致所有品种亚麻叶片的叶绿素含量发生变化，叶绿素含量随着淹水胁迫时间的延长而持续下降，其中，Agatha受淹水胁迫的影响最大，Z3受淹水胁迫影响最小（图3-7）。短期的干旱胁迫使得4个亚麻品种叶片中叶绿素含量增加，而长期的干旱则会减少叶片中的叶绿素含量，其中Agatha下降

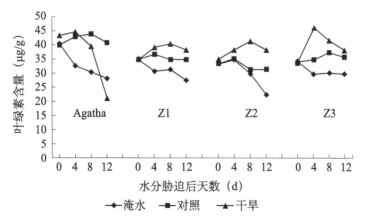

图3-7　水分胁迫对不同亚麻品种叶绿素含量的影响

趋势最为明显，Z1 和 Z2 叶片的叶绿素在第 8 d 时开始下降，而 Z3 叶片中的叶绿素在第 4 d 时就开始下降。

2. 水分胁迫对不同亚麻品种脯氨酸含量的影响

如图 3-8 所示，不论是干旱还是淹水胁迫都会增加亚麻叶片中脯氨酸的含量。干旱胁迫较淹水胁迫更为显著地提高了脯氨酸的含量。说明干旱比淹水对亚麻生长的影响更大。从 4 个不同亚麻品种的表现来看，在淹水胁迫下，4 个亚麻品种叶片的脯氨酸含量都呈现先升后降的变化，其中，Agatha 和 Z1 在第 4 d 达到最高值，随后下降，Agatha 的降幅大于 Z1。而 Z2 和 Z3 在第 8 d 达到最高值，随后下降。在干旱情况下，Z1、Z2 和 Z3 随着胁迫时间的延长，体内脯氨酸也不断累积，Z1 的脯氨酸含量增高最明显，是干旱胁迫前的 5.2 倍。而 Agatha 叶片的脯氨酸在第 4 d 达到最高值后开始明显下降。表明 Agatha 的调节能力较差，这也可能是 Agatha 无论在干旱还是淹水胁迫下植株发育都受到明显影响的原因之一。

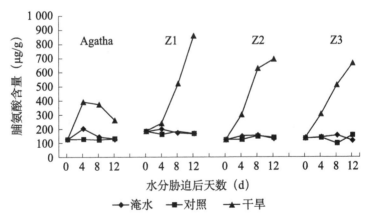

图 3-8　水分胁迫对不同亚麻品种脯氨酸含量的影响

3. 水分胁迫对不同亚麻品种丙二醛含量的影响

丙二醛是脂质过氧化的主要降解产物，它可与细胞膜上的蛋白质、酶等结合、交联，使之失活，破坏生物膜的结构和功能。因此，丙二醛含量的变化是质膜损伤程度的重要标志之一。从图3-9中可以看出，与对照组比较，淹水和干旱胁迫都使各个亚麻品种叶片的丙二醛含量增高，随着胁迫程度的加强，丙二醛的含量逐步增多。干旱胁迫下丙二醛含量从第4 d开始就明显增加，而淹水胁迫几乎都从第12 d开始增加，这说明亚麻在苗期对干旱更为敏感。无论是在干旱还是淹水条件下，Agatha的丙二醛含量增长幅度都最大，分别达到胁迫前的2.2倍和1.5倍，均高于其他3个亚麻品种，说明无论是干旱还是淹水胁迫都会给Agatha带来严重的伤害。而Z1的丙二醛含量在干旱和淹水胁迫下增幅都最小，说明Z1能较好地耐受水分胁迫。

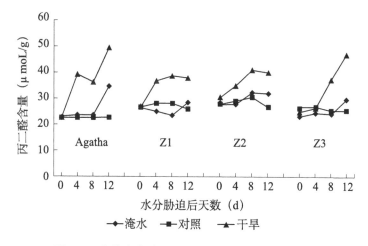

图3-9　水分胁迫对不同亚麻品种丙二醛含量的影响

4. 水分胁迫对不同亚麻品种保护酶活性的影响

水分胁迫会扰乱植物体内活性氧的产生和清除的平衡，引起活性氧的积累，过氧化物酶（SOD）和超氧化物歧化酶（POD）是植物保护过氧化物影响的主要活性酶。从图3-10可以看出，在干旱胁迫下，Z1、Z2 和 Z3 的 POD 活性随着胁迫时间的延长而增加，其中，Z3 的 POD 增加最为明显，第 12 d 时 POD 活性为基线的 2.92 倍。而 Agatha 的 POD 活性呈现先增高后下降的趋势，从第 8 d 开始，POD 活性逐步下降。如图 3-11 所示，在淹水胁迫下，Agatha、Z1 和 Z2 呈现先升后降的趋势，而 Z3 的 SOD 前期变化不明显，第 12 d 时有轻度增高。而干旱胁迫下，4 个亚麻品种叶片的 SOD 活性

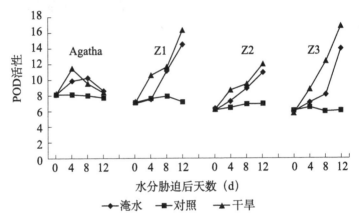

图 3-10　水分胁迫对不同亚麻品种 POD 活性的影响

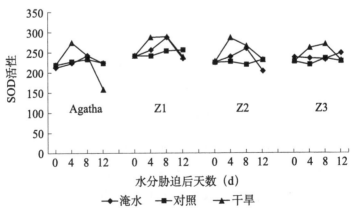

图 3-11　水分胁迫对不同亚麻品种 SOD 活性的影响

都呈现先升后降的趋势，Agatha 的下降尤为明显，第 12 d 时 SOD 活性只有基线期的 72.1%。可以看出，不论是在淹水还是干旱胁迫下，Z1 和 Z3 的 SOD 活性和 POD 活性后期减幅较小，说明对水分胁迫的耐受性较好，而 Agatha 的 SOD 活性和 POD 活性在后期都明显下降，甚至远低于基线水平，说明 Agatha 水分胁迫的耐受性最差。

水分是影响亚麻生长发育的重要环境因素。苗期亚麻对水分反应敏感，生长发育过程中极易受干旱或淹水胁迫等不良影响。很多研究表明，水分胁迫会干扰植物的根、茎和叶的生长，但不同的亚麻品种对水分胁迫的反应不一。在淹水情况下，除 Agatha 的干物质较对照变化不大外，其余 3 个品种亚麻的干物质都有不同程度的增加，显示出 Agatha 对淹水胁迫良好的适应能力。而在干旱胁迫下，中亚麻 1 号（Z1）和 3 号（Z3）的干物质减少不明显，Agatha 和中亚麻 2 号（Z2）的干物质明显减少，表明 Z1 和 Z3 有较强的抗旱能力。叶绿素在作物体内不断新陈代谢，水分会对叶绿素的含量产生明显影响。从本试验可以看出，不论是在淹水还是干旱胁迫下，Z1 的 SOD 活性和 POD 活性增加都为最大，丙二醛含量增幅则最小，而相同的处理水平下，Agatha 的 SOD 活性和 POD 活性的增幅最小，丙二醛含量增幅则最大，Z2 和 Z3 的表现居中。品种的差异会导致植物的自由基清除酶对环境胁迫表现出差异，从而可以看出 Z1 对水分胁迫的耐受性最好，而 Agahta 的耐受性最差。本试验表明，与淹水胁迫相比，干旱胁迫可能对苗期的亚麻造成更为严重的生理伤害，因此生产上在苗期应重视干旱带来的不利影响。不同亚麻品种对水分胁迫的耐受程度不一，无论从干物质积累，还是叶绿素平均浓度的变化、脯氨酸、丙二醛、SOD 活性和 POD 活性的变化，都一致反映出在 4 个亚麻品种中 Z1 的水分胁迫耐受性较好，而 Agatha 的水分胁迫耐受性较差，在品种栽培过程中，应根据当地的自然条件选择合适的品种（邓欣等，2015）。

四、水分胁迫对亚麻基因表达的影响

2016 年选用中亚麻 1 号，通过转录组测序对亚麻淹水胁迫下的基因表达谱进行了分析。在 SWL、RWL（淹水植株地上部 vs 淹水植株地下部）中鉴定到 5 499 个基因表达上调，12 037 个下调。在 RCK vs RWL（不淹水植株地下部 vs 淹水植株地下部）中鉴定到 1 177 个基因表达上调和 1 485 个基因表达下调。在 SCK vs SWL（不淹水植株地上部 vs 不淹水植株地上部）中鉴定到 183 个基因上调和 343 个下调（图 3-12a）。数据表明，淹水会显著影响亚麻体内基因的表达情况（图 3-12b）。

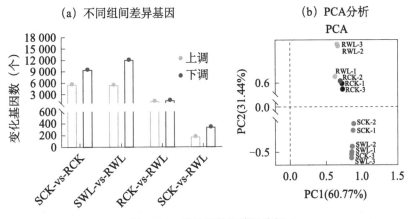

图 3-12　转录组整体情况分析

GO 分析发现差异基因主要涉及催化活性、氧化还原反应、阳离子结合、膜转运等。DEGs 的前 30 个显著富集类别如图 3-13 所示。在地上部更多的 DEGs 富集在生物过程中，特别是在细胞、代谢和单生物体过程中（图 3-13a）。在地上部，细胞发育、代谢过程和单一生物过程是生物过程本体中最富集的 DEGs。在分子功能中富集的

DEGs 较少。在细胞组分的本体中，细胞、细胞部位和细胞器 DEGs 富集程度最高（图 3-13b）。

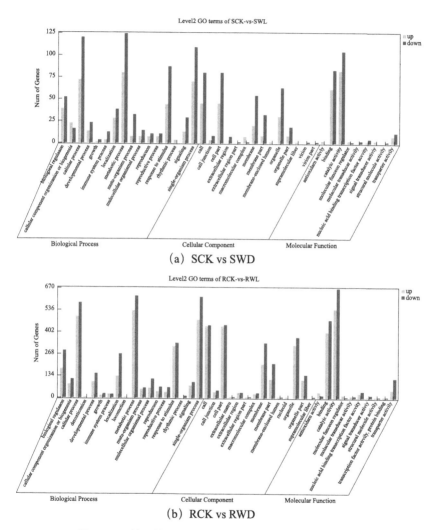

（a）SCK vs SWD

（b）RCK vs RWD

图 3-13 基于基因本体（GO）对 4 种类型样本的差异
表达基因（DEGs）的分类

KEGG 富集分析筛选出了不同处理间的基因差异。其中，"谷胱甘肽代谢"和"植物—病原菌相互作用"在 SCK vs SWL（不淹水植株地上部 vs 淹水植株地上部）组中差异显著。在 RCK vs RWL（不淹水植株地下部 vs 淹水植株地下部）组中，"苯丙烷生物合成""植物激素信号转导"和"氨基酸生物合成"差异显著，尤其是"苯丙烷类生物合成"（图 3-14）。

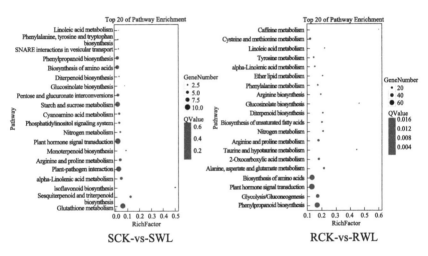

图 3-14　对照与淹水处理的 KEGG 富集图

　　KEGG 富集分析的结果表明，在 SCK vs SWL（不淹水植株地上部 vs 淹水植株地上部）中，差异基因主要富集在"谷胱甘肽代谢""植物—病原体互作"等通路上。而在地下部，差异基因主要富集在"苯丙烷类生物合成""植物激素信号转导"和"氨基酸生物合成"等通路上。

　　在 KEGG 富集分析的基础上，进一步研究了"谷胱甘肽代谢"和"植物—病原体互作"通路相关基因。淹水条件下，与谷胱甘肽代谢相关的基因，包括 Lus10013282.g.BGIv1.0、Lus10016467.g.BGIv1.0、Lus10016469.g.BGIv1.0、Lus10030805.g.BGIv1.0、Lus10030806.g.BGIv1.0、Lus10035241.g.Bgiv1.0 和 Lus10037121.g.BGIv1.0 的表达量显著上调（图 3-15a）。一些参与植物—病原菌互作的基因的 FPKM，例如 XLOC_021270、Lus10007536.g.BGIv1.0，Lus10012199.g.BGIv1.0、Lus10018012.g.BGIv1.0、Lus10026301.g.BGIv1.0、Lus10027261.g.BGIv1.0、Lus10031345.g.Bgiv1.0 和 Lus10042369.g.BGIv1.0 在淹水条件下的表达量显著下调（图 3-15b）。

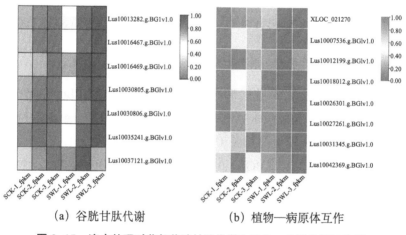

（a）谷胱甘肽代谢　　　　（b）植物—病原体互作

图 3-15　淹水处理对茎部谷胱甘肽代谢和植物—病原体相互作用

淹水处理下根系基因表达量具有差异。淹水条件下，苯丙烷类生物合成相关基因的 FPKM，如 Lus10009898.g.BGIv1.0 的表达量显著上调（图 3-16）。对所有苯丙烷类生物合成相关基因的表达量进行了研究，结果表明，21 个基因在淹水条件下显著上调。与"乙烯受体"相关的基因如 Lus10013415.g Bgiv1.0 和 Lus10021212.G BGIv1.0 在淹水条件下显著上调。

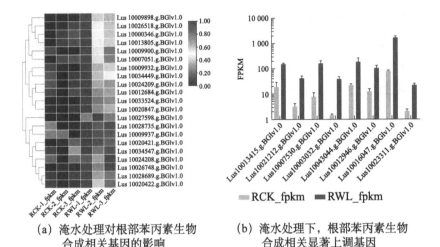

（a）淹水处理对根部苯丙素生物　　（b）淹水处理下，根部苯丙素生物
　　　合成相关基因的影响　　　　　　　　合成相关显著上调基因

图 3-16　淹水处理对苯丙素生物合成的影响

随后，比较了木质素形成阴离子过氧化物酶（Lus10009898.g.Bgiv1.0）、反 - 肉桂酸 4- 单加氧酶 -Like（Lus10027598.g. BGIv1.0）、过氧化物酶超家族蛋白相关（Lus10026748.g. BGIv1.0）、乙烯受体相关（Lus10013415.g.BGIv1.0 和 Lus10021212.g.BGIv1.0）、脱落酸受体 PYL4-like（Lus10007530.g.Bgiv1.0）、6- 磷酸果糖激酶相关（Lus10006032.g.BGIv1.0 和 Lus10043044.g.BGIv1.0）、己糖激酶相关（Lus10012946.G.BGIv1.0）、磷酸果糖激酶 α 亚基相关（Lus10016047.g. BGIv1.0）、赤霉素 2- 氧化酶相关（Lus10023311.g.BGIv1.0）基因在淹水和 CK 植株之间的表达情况。研究表明 11 个基因的转录情况与 RT-PCR 结果一致（图 3-17a）。研究显示，在淹水条件下，TCA 循环、谷胱甘肽代谢和葡萄糖代谢的上调以及植物—病原菌互作的下调共同促进了亚麻茎秆的工艺长度、茎秆直径和株高的增加。在根系中，苯丙烷代谢、木质素合成与降解、糖酵解、ABA 受体、抗氧化剂、能量代谢和植物激素信号转导的上

调，以及 β - 葡萄糖苷酶和咖啡碱-O-甲基转移酶的下调共同促进了对淹水胁迫的抗性提高。淹水条件下，亚麻根系通气组织的形成与木质素合成与降解的同步密切相关（图 3-17b）（Qiu Caisheng，2023）。

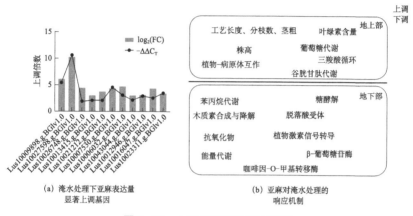

（a）淹水处理下亚麻表达量　　　（b）亚麻对淹水处理的
　　显著上调基因　　　　　　　　　响应机制

图 3-17　上调的基因和模型图谱

2017 年，通过转录组测序初步分析了淹水胁迫对亚麻根系基因表达的影响，亚麻淹水对亚麻根部木质素合成相关基因影响显著，差异基因主要富集到苯丙素的生物合成、糖酵解、植物激素信号转导的代谢等途径。淹水条件下与木质素合成相关的 4- 香豆酸辅酶 A 基因、CCoAOMT 基因、松柏醛 5 - 羟化酶表达有显著升高，β- 葡萄糖苷酶基因、咖啡酸 -O- 甲基转移酶基因表达显著降低；木质素过氧化物酶等降解酶基因表达大幅上调，而与木质素合成相关的反 - 肉桂酸 4- 单加氧酶基因表达同时上调，反映了淹水条件下亚麻根部形成通气组织的过程是木质素合成与降解同步进行的过程，选取了 10 个基因进行了实时荧光定量 PCR 验证（图 3-18），实时定量 PCR 与测序结果趋势一致。

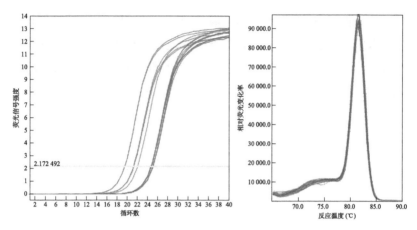

图 3-18　荧光定量 PCR 扩增与熔解曲线

第二节　亚麻耐盐碱研究

2020 年 9 月 11 日，习近平总书记在主持召开科学家座谈会时提出，我国科技事业发展要坚持"四个面向"——面向世界科技前沿、面向经济主战场、面向国家重大需求、面向人民生命健康，不断向科学技术广度和深度进军。"面向人民生命健康"标志着党中央在践行"人民至上、生命至上"价值理念上做出了新布局，标志着"面向人民生命健康"已经上升到与"面向世界科技前沿""面向经济主战场""面向国家重大需求"同样高度。习近平总书记 2021 年考察黄河三角洲时指出，"18 亿亩耕地红线要守住，5 亿亩盐碱地也要充分开发利用"。亚麻是一种有益于人们健康的多用植物，同时亚麻又是一种耐盐碱、抗逆性强的作物，可以在盐碱地种植，开展亚麻耐盐碱研究符合习总书记的指示，也符合国家关于科技发展的政策。早在国家麻类产业技术体系成立之初，亚麻生理与栽培团队就开始了亚麻耐盐碱相关研究，取得的主要成果如下。

一、盐碱胁迫对亚麻发芽的影响

（一）pH 值对亚麻发芽的影响

在我国东北地区盐碱地以苏打盐碱土为主，呈碱性，影响作物生长。利用发芽试验的方法测定了不同 pH 值的水溶液对亚麻发芽的影响。当 pH 值＜9.50 时，3 种处理的发芽表现比对照的表现好，说明低离子浓度的溶液可以促进亚麻种子发芽。当 pH 值 =9.91 时，处理的发芽率在第 3 d 至第 6 d 少于对照，而在第 6 d 至第 8 d 多于对照，说明亚麻种子对此浓度的溶液有一个适应过程。当 pH 值≥10.03 时，处理的发芽率比对照明显降低，说明 pH 值≥10.03 的盐碱溶液对亚麻种子发芽有抑制作用（图 3-19）。

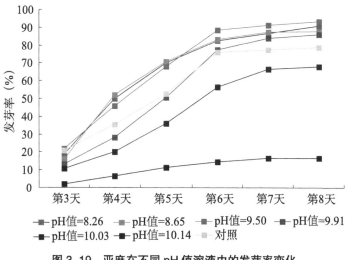

图 3-19　亚麻在不同 pH 值溶液中的发芽率变化

（二）耐盐梯度试验

通过不同浓度的中性盐 NaCl 溶液处理亚麻品种中亚麻 2 号

的盐梯度发芽试验。测定了发芽第 3 d 至第 8 d 各处理的发芽率。由图 3-20 可看出：盐溶液梯度发芽试验中，NaCl 溶液浓度 ≥ 50 mmol/L 的溶液均对亚麻的最终发芽率产生影响。NaCl 溶液浓度在 100~150 mmol/L 时，亚麻发芽率表现延缓，但最终发芽率与 50 mmol/L 时相近。NaCl 溶液浓度 ≥ 200 mmol/L，亚麻种子发芽率显著降低，说明 200 mmol/L 浓度以上的盐溶液对亚麻种子发芽有抑制作用。

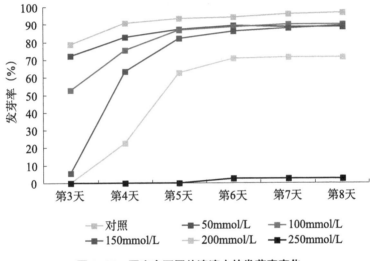

图 3-20　亚麻在不同盐溶液中的发芽率变化

（三）不同类型盐碱土对亚麻出苗率的影响

盐碱土里的可溶性盐主要由 Cl^-、SO_4^{2-}、CO_3^{2-}、HCO_3^-、Na^+、Ca^{2+}、Mg^{2+}、K^+ 等离子组成，通常情况下，它们在土壤溶液中作为营养成分。当这些离子的浓度达到足以对土壤性状和植物生长产生不良影响时就成为盐分，不同地区的盐碱土离子组成不同（张建锋等，2005），试验材料为耐盐碱亚麻品种 YOI302，利用取自吉林、新疆、福建的不同类型的盐碱土进行盆栽试验，并对其出苗率进行测定（表 3-4）。结果表明，YOI302 在长春的轻度盐碱土、伊宁的轻度盐碱土和中度盐碱土可以正常发芽，其相对发芽率均达到 95% 以上，在伊宁的轻度盐碱土发芽率甚至超过了对照土壤的发芽率。在莆田轻度盐碱土和伊宁重度盐碱土的相对发芽率较低，分别为77.9% 和 88.3%。在长春中度、重度盐碱土，莆田中度、重度盐碱土的基本没有发芽。

　　长春的盐碱土类型为苏打土，特点为 pH 较高而可溶性盐含量较低，YOI302 在轻度盐碱土中可以正常发芽，在中度和重度盐碱土中不能发芽。莆田的盐碱土特点为 pH 值较低，而可溶性盐含量较高，YOI302 在轻度盐碱土中可以正常发芽，在中度和重度盐碱土中均不能发芽。伊宁的盐碱土 pH 值和可溶性盐含量均较低，YOI302在 3 种不同程度的盐碱土中均能发芽，且发芽率随盐碱程度的升高而降低。从本试验可以看出，在仅有盐高或碱高的情况下亚麻的不耐受性更强，盐碱都高的情况下严重影响亚麻的出苗。所以，盐和碱对亚麻的出苗率的影响会有叠加作用。

表 3-4　强耐盐碱品种 YOI302 在不同类型盐碱土中的发芽率

盐碱土类型	pH 值	可溶性盐含量（%）	相对发芽率（%）
长春（轻）	9.33	0.05	98.7 ± 1.84[a]
长春（中）	9.83	0.3	2.6 ± 1.84[b]
长春（重）	10.07	0.65	0 ± 0[b]
莆田（轻）	8.44	0.2	77.92 ± 14.69[a]
莆田（中）	8.35	0.95	0 ± 0[b]
莆田（重）	7.96	2.05	0 ± 0[b]
伊宁（轻）	8.61	0.2	107.79 ± 2.75[a]
伊宁（中）	7.71	0.65	97.4 ± 2.75[a]

盐碱土类型	pH 值	可溶性盐含量（%）	相对发芽率（%）
伊宁（重）	9.07	0.7	88.31 ± 14.69[a]

注：同列不同字母表示在 0.05 水平上存在显著差异。

二、盐碱胁迫对亚麻生理的影响

土壤盐渍化是人类所面临的重大生态问题之一，它严重影响和制约着世界农业生产的发展与稳定。我国盐渍化土地面积约占可耕地总面积的 1/4，由于不合理的开发利用及生态环境恶化等影响，其面积逐年增加。亚麻是耐盐碱能力较强的作物，通过开展盐碱对亚麻苗期生长的影响可以揭示亚麻在盐碱胁迫下的生理变化规律。

不同浓度盐碱处理 7 d 和 14 d 后，亚麻幼苗的生长受到了一定的影响。处理 7 d 时，对照（0 mmol/L）株高最高，但与 30 mmol/L、90 mmol/L 处理相差不多，处理 14 d 后，亚麻明显增高，以对照（0 mmol/L）株高最高，但与 30 mmol/L 处理相差不多，但远高于 90 mmol/L 处理。处理 14 d 各处理叶绿素含量较 7 d 时均有大幅度提高，其中，对照的含量显著高于盐碱处理，且盐碱浓度越大，其含量越低，表明盐碱处理给亚麻生长造成了影响，并且盐碱越重，影响越大。脯氨酸和可溶性糖是与盐碱抗性相关的生理指标。脯氨酸含量随盐碱处理增强而升高，盐碱越强，其含量越高，随着处理时间的加长，其含量均有所降低，但强盐碱处理的含量还是远高于弱盐碱处理。可溶性糖的含量以对照最高，随着盐碱弱到强的处理，其含量先下降较快后有一定的升高（图 3-21）。

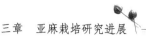

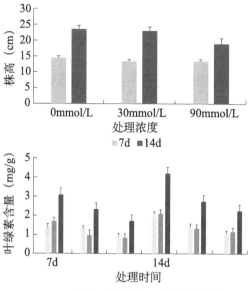

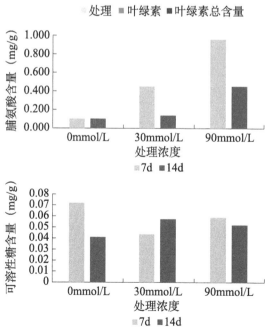

图 3-21 盐碱处理后株高及生理变化

三、盐碱胁迫对亚麻营养吸收的影响

（一）亚麻苗期盐碱胁迫下的营养吸收研究

对亚麻苗期进行盐胁迫和碱胁迫，胁迫后，测定茎部和根部阳离子浓度，并测定了胁迫后处理和对照的苗长、茎长和根长（图 3-22）。结果表明（图 3-23）：盐碱胁迫不同程度地抑制了钙和镁的吸收。与对照相比，盐碱胁迫不同程度抑制了亚麻苗期茎和根的生长，碱胁迫对根的抑制比盐胁迫严重。盐碱胁迫下钠的含量增加幅度很大。盐胁迫下茎部钾的含量增加而根部钾含量减少，碱胁迫下根和茎的钾含量均有减少。

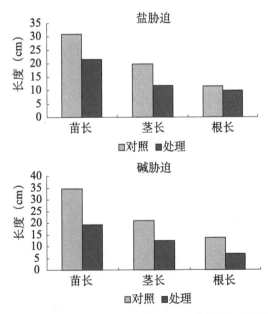

图 3-22 亚麻苗期盐碱胁迫下对照和处理的苗长、茎长和根长

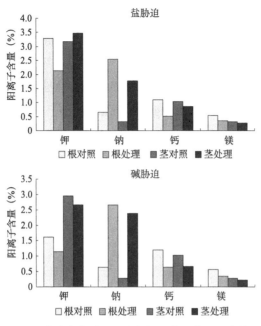

图 3-23　盐碱胁迫对亚麻苗期根和茎阳离子吸收的影响

（二）盐碱胁迫下亚麻快速生长期的营养吸收规律研究

对亚麻盐碱胁迫后进行地上部和根部的钾、钠、钙、镁 4 种阳离子的测定（图 3-24）。结果表明，中性盐胁迫处理下，亚麻根和地上部的 Na^+ 含量与对照相比均显著增加，处理地上部的 Na^+ 含量为对照的 547.0%，处理根为对照的 382.7%，说明处理液中的钠离子被亚麻大量吸收和转运。亚麻地上部的 K^+ 比对照显著增高，根系的 K^+ 比对照显著降低。根系和地上部的 Ca^{2+} 和 Mg^{2+} 含量较对照均有不同程度的降低，处理的根系中 Ca^{2+} 和 Mg^{2+} 分别为对照的 75% 和 65.2%，处理地上部 Ca^{2+} 和 Mg^{2+} 分别为对照的 83.2% 和 85%，说明地上部的 Ca^{2+} 和 Mg^{2+} 降低程度小于根系中的降低程度。

碱性盐胁迫下，亚麻根系和地上部的 Na^+ 含量与对照相比均显著增加，处理茎的 Na$^+$ 含量为对照的 870.7%，处理根为对照的 415.1%，其他 3 种阳离子含量均较对照显著降低。K$^+$ 根和地上部处理分别为对照的 71% 和 90.3%，Ca^{2+} 根和地上部处理分别为对照的 53.6% 和 65%，Mg^{2+} 根和地上部处理分别为对照的 60.8% 和 78.7%。说明地上部的 K$^+$、Ca^{2+} 和 Mg^{2+} 的降低程度小于根系中的降低程度。本试验结果说明盐碱胁迫会影响亚麻对 K$^+$、Ca^{2+} 和 Mg^{2+} 的吸收。

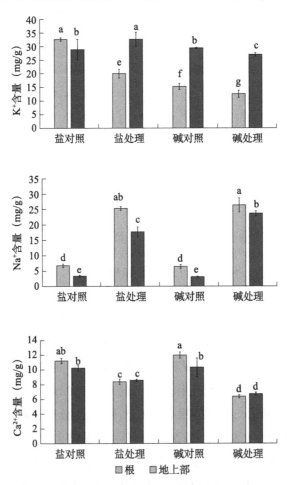

图 3-24　盐碱胁迫下亚麻快速生长期的营养吸收规律

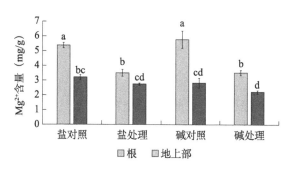

图3-24 盐碱胁迫下亚麻快速生长期的营养吸收规律（续）

四、调控剂的作用

（一）外源NO在亚麻盐胁迫中的作用

为探究外源一氧化氮（NO）在亚麻盐胁迫中的生理调节作用，采用蛭石和珍珠岩在培养箱对培养的亚麻进行苗期的盐胁迫相关处理。研究了外源NO供体硝普钠（SNP）对NaCl胁迫处理下亚麻过氧化物酶（POD）、超氧化物歧化酶（SOD）、脯氨酸和MDA的含量。

表3-5 硝普钠（SNP）对NaCl胁迫处理下亚麻生理指标的影响

	对照	SNP处理	NaCl处理	NaCl+SNP处理
PRO	1.1	0.8	12.3	7.8
MDA	0.5	0.4	1.6	0.6
POD	26.6	4.8	120.0	117.9
SOD	4.8	3.0	4.7	2.1

结果显示（表3-5），除超氧化物歧化酶外，其他3个指标在盐

胁迫中均有升高，表明盐胁迫下亚麻苗组织受到破坏，老化程度升高。添加了 SNP 的处理组这 3 个指标升高较盐胁迫组少，说明 NO 可在亚麻抗盐胁迫中起作用。

（二）水杨酸在亚麻盐胁迫中的作用

1. 发芽试验

试验亚麻品种为中亚 2 号。分别用 NaCl 和 Na_2CO_3 溶液模拟盐和碱的条件来进行试验，其中，NaCl 设置 25 mmol/L、50 mmol/L、100 mmol/L 和 200 mmol/L 等 4 个浓度梯度，Na_2CO_3 设置 5 mmol/L、10 mmol/L、20 mmol/L 和 40 mmol/L 等 4 个浓度梯度。

分别配制成水杨酸（SA）浓度为 1 mmol/L、2.5 mmol/L 和 8 mmol/L 的溶液处理亚麻种子，用小型喷壶进行均匀喷雾，喷到种子刚好全部湿润，在室内晾干。在培养皿中完成盐和碱条件下种子发芽试验，每个培养皿加滤纸 1 张，均匀撒下 100 粒种子，加 8 mL 处理溶液，用塑料膜密封好保湿，在 28 ℃条件下放置 2～3 d。

试验结果显示，在非盐碱条件（水）中，SA 1 mmol/L、2.5 mmol/L 能促进亚麻发芽，发芽的速度显著加快，整齐度更好；在盐条件下，未处理的种子（CK）发芽受到了不同程度的抑制，当 NaCl 100 mmol/L 时，抑制作用较强，当 NaCl 200 mmol/L 时基本不发芽。SA 1 mmol/L、2.5 mmol/L 处理种子，在中轻度盐条件下发芽能力显著好于 CK，SA 8 mmol/L 作用不显著。

在碱胁迫下，亚麻种子的发芽受到抑制，当 Na_2CO_3 20 mmol/L 时，抑制作用较强，当 Na_2CO_3 40 mmol/L 时，亚麻种子基本上不发芽。SA 处理能缓解碱胁迫情况与盐相似，但效果不如盐胁迫那么显著。

2. 田间试验亚麻种植

试验亚麻品种为中亚 2 号。试验在东北小苏打盐碱土进行，利用水杨酸（SA）不同浓度（1 mmol/L、2.5 mmol/L 和 8 mmol/L）处理中亚 2 号种子，再用空白处理的亚麻种子共 4 个处理，每个处理设置 3 次重复，进行盐碱地示范性种植，每个处理种植 1.5 亩，共 6 亩，与调控试验为同一地块。在收获时进行随机取点采样测产，每个处理取 3 个点进行测产，每个点面积 6 m²。

表 3-6　各个处理间株高差异显著性检验

处理 （mmol/L）	株高 （cm）	小区测产结果 （kg）	折合亩产 （kg）
（对照）	75.17	2.25	250.1
1	75.50	2.28	253.5
2.5	75.00	2.18	242.3
8	78.07	2.53	281.3

从株高与原茎产量（表 3-6）来看，高浓度水杨酸（8 mmol/L）效果明显，是提高亚麻原茎产量行之有效的措施。这里的处理方法与调控试验的方法不一样，即采取更为简单的方法，直接处理种子，但亚麻种子胶质含量太高，不能浸种，只能用喷雾的方法喷尽量少的溶液，所以处理的溶液量比叶面喷雾少得多，因此，用高浓度水杨酸才能获得较好的效果。

（三）土壤改良剂及菌肥对亚麻在盐碱地的作用

1. 中度盐碱地试验

选用耐盐品种 Y0 I348 用于开展耐盐碱逆境栽培调控试验，采用 4 因素 3 水平正交试验设计（表 3-7），每个处理 3 次重复，共 27 个小区，每个小区 6 m²，试验在吉林乾安的中度盐碱地进行。

表 3-7　正交试验表

处理号	密度（粒/m²）	施地佳（mL/区）	菌肥（g/区）	磷石膏（kg/区）
1	1 600	1（0）	1（0）	1（0）
2	1 600	2（80）	2（0.7）	2（0.9）
3	1 600	3（160）	3（1.4）	3（1.8）
4	2 000	1（0）	2（0.7）	3（1.8）
5	2 000	2（80）	3（1.4）	1（0）
6	2 000	3（160）	1（0）	2（0.9）
7	2 400	1（0）	3（1.4）	2（0.9）
8	2 400	2（80）	1（0）	3（1.8）
9	2 400	3（160）	2（0.7）	1（0）

　　播种密度与施地佳对产量不构成显著差异，而菌肥为第二用量（78 kg/亩）最佳，石膏为第三用量（200 kg/亩）最佳，显著高于其他用量。各处理的原茎产量都超过 210 kg/亩，最高达到 310.52 kg/亩，与对照的 228.64 kg/亩，差异极显著，增产幅度为 35.8%。试验结果表明，通过合适的调控措施能显著提高亚麻在盐碱地的产量（表 3-8）。

表 3-8　盐碱地调控试验数据方差分析

处理	平均原茎产量（kg/亩）	$P \leqslant 0.5$	$P \leqslant 0.01$	处理	平均株高（cm）	$P \leqslant 0.5$	$P \leqslant 0.01$
4	310.52	a	A	3	85.61	a	A
3	257.91	b	AB	2	80.78	ab	AB
2	237.53	b	AB	4	79.10	ab	AB
1	228.64	b	B	9	78.40	ab	AB

处理	平均原茎产量（kg/亩）	$P \leqslant 0.5$	$P \leqslant 0.01$	处理	平均株高（cm）	$P \leqslant 0.5$	$P \leqslant 0.01$
8	226.04	b	B	7	76.65	b	AB
9	225.11	b	B	5	76.37	b	AB
6	218.08	b	B	6	75.95	b	AB
5	217.89	b	B	1	75.39	b	AB
7	211.41	b	B	8	73.01	b	B

2. 重度盐碱地试验

两年在中度盐碱地开展亚麻种植试验取得较好产量，结合优良品种、盐碱地土壤改良及配套的栽培措施于一体使亚麻原茎产量最高达到了 384.59 kg/亩。在此基础上尝试在重度盐碱地开展试验（品种筛选与盐碱地调控试验），摸索重度盐碱地（含盐量 >0.6%）对亚麻生长的胁迫情况。该试验在吉林省松原市长岭县腰井开展，试验所在地年降水量少于 400 mm，是世界三大苏打盐碱土分布区之一。试验地为近两年新开荒地，播种前采集试验地的土壤样品送吉林农业科学院土壤检测中心检测，含盐量为 1.09%，pH 值为 9.52。附近种植玉米株高不足 80 cm，几乎没有收成。

盐碱地调控试验：2014 年 4 月 28 日播种，施肥为硫酸钾型复合肥（15-15-15）15 kg/亩，试验品种是耐盐品种 Y0 I348 用，于耐盐碱逆境栽培调控试验采用 4 因素 3 水平正交试验（表 3-9），每个处理 3 次重复，共 27 个小区，每个小区 6 m²。亚麻苗高 15 cm 左右进行一次化学除草，无浇灌条件，当年该地区 5—8 月受到严重干旱影响，尤其是亚麻快速生长期的干旱对亚麻生长造成了重大影响。亚麻工艺成熟期（7 月 28 日）进行收获。

表 3-9　盐碱地调控试验正交试验表

处理	水杨酸处理	芸苔素内酯（0.1%）	菌肥	磷石膏
1	1（0）	1（0）	1（0 g/ 区）	1（0 kg/ 区）
2	1（0）	2（150 μL）	2（0.7 kg/ 区）	2（0.9 kg/ 区）
3	1（0）	3（300 μL）	3（1.4 kg/ 区）	3（1.8 kg/ 区）
4	2（5 mmol/L）	1（0）	2（0.7 kg/ 区）	3（1.8 kg/ 区）
5	2（5 mmol/L）	2（150 μL）	3（1.4 kg/ 区）	1（0 kg/ 区）
6	2（5 mmol/L）	3（300 μL）	1（0 kg/ 区）	2（0.9 kg/ 区）
7	3（10 mmol/L）	1（0）	3（1.4 kg/ 区）	2（0.9 kg/ 区）
8	3（10 mmol/L）	2（150 μL）	1（0 g/ 区）	3（1.8 kg/ 区）
9	3（10 mmol/L）	3（300 μL）	2（0.7 g/ 区）	1（0 kg/ 区）

　　试验结果表明（表 3-10），原茎产量最高的处理只有 164.16 kg/ 亩，与 2013 年在中度盐碱地调控试验的最高原茎产量 384.59 kg/ 亩相差甚远，当含盐量由 0.3% 左右增长到 1% 左右，对亚麻生长的胁迫作用也是成倍地增长，表明亚麻盐碱耐受性也是有限的，只适合在中度盐碱地种植。

表 3-10　盐碱地调控试验产量结果

处理	平均原茎产量（kg/ 亩）	处理	平均原茎产量（kg/ 亩）	处理	平均原茎产量（kg/ 亩）
2	164.16	6	144.88	8	128.95
5	157.49	1	143.77	4	128.59
9	146.37	3	138.96	7	127.1

　　在重度盐碱地开展的试验，虽然从经济效益和实际应用上意义不大，但是试验所表现出的结果为今后的研究提供了重要基础。不作任何调控处理，只依赖所筛选出耐盐碱亚麻品种自身的能力，在

含盐量为 1.09% 的盐碱地种植几乎没有收成，通过 4 种处理因子搭配施用，原茎产量最高达到了 164.16 kg/ 亩，最低为 127.10 kg/ 亩，这个提高幅度已经相当可观，证明所选用改良剂的效果值得肯定。

3. 亚麻耐盐碱植物调控剂的筛选试验

通过植物调控剂的筛选，研究适宜盐碱地亚麻的茎叶处理调控剂效果，通过亚麻苗后茎叶处理提高其耐盐碱能力。试验设 10 个处理，3 次重复，共计 30 个小区，即 ZSA01 至 ZSA30。试验品种为中亚麻 4 号，有效播种粒数 2 000 粒。小区长 3 m，宽 2 m，行距 20 cm，10 行区，区间道 60 cm，组间道 1 m。四周设 1 m 区道及 2 m 宽保护区。试验于 2022 年在黑龙江省肇源县进行。

表 3-11　亚麻耐盐碱调控剂的筛选试验结果

处理	株高（cm）	工艺长度（cm）	分枝（个）	蒴果（个）	茎粗（mm）	单株重（g）	亩产（kg）	增减产（%）
处理 1（CK）	110.97	80.60	2.97	6.53	2.24	1.64	255.60	—
1.4% 的复硝酚钠 25 mg	114.53	88.17	3.97	8.00	2.48	2.09	228.63	-10.6
1.4% 的复硝酚钠 50 mg	112.63	89.13	3.13	6.50	2.15	1.62	226.67	-11.3
1.4% 的复硝酚钠 100 mg	118.17	92.17	3.37	7.10	2.16	1.69	255.47	-0.1
乙酰水杨酸 25 mg	110.70	85.00	3.37	6.57	2.06	1.55	281.97	10.3

处理	株高（cm）	工艺长度（cm）	分枝（个）	蒴果（个）	茎粗（mm）	单株重（g）	亩产（kg）	增减产（%）
乙酰水杨酸 50 mg	112.20	79.00	3.47	8.60	2.18	2.06	275.93	8.0
乙酰水杨酸 100 mg	115.47	90.70	3.70	8.07	2.39	1.82	312.73	22.4
激动素＋其他复配剂 500 倍液	112.93	83.53	3.43	8.23	2.28	1.85	395.13	54.6
激动素＋其他复配剂 1 000 倍液	110.87	84.67	3.10	6.00	2.17	1.56	300.43	17.5
激动素＋其他复配剂 2 000 倍液	114.17	82.00	3.37	8.03	2.17	1.67	351.20	37.4

从试验结果可以看出（表3-11），在中重度盐碱地，激动素＋其他复配剂各处理的原茎产量均比对照增产10%以上，其中，500倍液处理的产量最高，增产54.6%；乙酰水杨酸的3个处理也都表现增产，有2个剂量的增产10%以上；另一个调控剂复硝酚钠效果较差，3个剂量与对照相比基本都减产或平产。激动素＋其他复配剂和乙酰水杨酸两种调控剂表现出了显著的耐盐碱调控效果。

（四）亚麻盐碱逆境栽培调控技术示范

1. 在吉林省松原市长岭县的示范

在2013—2014年盐碱逆境栽培调控试验的基础上，建立起1套适合吉林西部小苏打盐碱土的栽培措施。在吉林省松原市长岭县北正镇进行亚麻盐碱逆境栽培调控技术示范（图3-25），面积6亩。播种前取土样送吉林农业科学院检测中心进行检测，含盐量为0.31%，pH值8.2。

图3-25　碱地亚麻试验示范

2015年4月21日播种，品系为Y0 I348，播种量为8 kg/亩。硫酸钾型复合肥（15-15-15）20 kg/亩，盐碱土处理为施菌肥80 kg/亩、石膏200 kg/亩，拌匀，再播种。等亚麻苗高15 cm左右进行一次化学除草，无浇灌条件，当地降水量不足400 mm，当年5—7月干旱较严重，给亚麻生长造成了较大的影响。亚麻工艺成熟期（7月30日）进行收获。经随机多点测产，原茎产量达到302.12 kg/亩。

2. 在黑龙江省兰西县的试验

盐碱地土壤含盐量为 0.12%、pH 值 8.67，周边碱斑含盐量为 0.78%、pH 值 8.75。试验品种为华亚 1 号。调控药剂为辅药加主药，辅药统一配置，以主药的种类及浓度来设置各种不同的处理。处理时间是亚麻快速生长期，株高约 30 cm。结果表明，在前几年盐碱地试验的基础上所筛选得到调控剂能显著提高亚麻耐盐碱的能力。相对来说，调控剂水杨酸（SA）调控效果更好，尤其以 SA 3 mmol/L 产量最高，其原茎产量远高于对照，且其干茎制成率和出麻率分别达到 77.48 % 和 22.79%，均在所有处理中居第一位，因此，其纤维产量最高，比对照增产达 55.42%。硝普钠（SNP）240 μm/L 处理的原茎产量最高，达到 311.82 kg/ 亩，比对照增产达 34.69%，但其干茎制成率和出麻率表现一般，因此，纤维产量低于 SA 的处理（表 3-12）。总之，这 4 个盐碱调控剂组合均能大大提高亚麻耐盐碱的能力，达到使亚麻增产增效的目的，但各处理增产效果也有一定的差异，以 SA 3 mmol/L 组合效果最佳。

表 3-12　盐碱地亚麻调控试验产量性状

处理	株高（cm）	亩产原茎（kg）	干茎制成率（%）	出麻率（%）	亩产纤维（kg）
CK	70.13	231.50	76.57	18.17	32.21
SA 1 mmol/L	69.63	302.37	72.62	22.08	48.49
SA 3 mmol/L	72.88	283.48	77.48	22.79	50.06
SNP 80 μm/L	71.30	274.03	74.88	20.47	42.00
SNP 240 μm/L	70.88	311.82	76.40	19.52	46.52

第三节　亚麻免耕栽培技术研究

保护性耕作是相对于传统耕作的一种创新，它能够影响土壤物理、化学和生物学性质，于 20 世纪 70 年代兴起于美国。免耕和秸秆覆盖是两种重要的保护性耕作措施，与传统耕作相比，免耕可有效控制土壤水分蒸发，提高水分利用率，减少水土流失；科研工作者在小麦、玉米、水稻上都开展了大量的研究（王维钰等，2016，胡发龙等，2015），并已将其广泛应用于实际生产，取得了良好的经济效益。免耕可以影响土壤微生物、杂草的生长，结合秸秆覆盖可以在降低耕作成本的同时提高作物产量（李英臣等，2014）。亚麻是我国重要的经济作物，广泛种植于全国各地，而免耕栽培在亚麻上的研究尚少，在我国南方亚麻与水稻轮作，实现免耕既有利于抢农时，又有利于降低生产成本。因此，国家麻类产业技术体系亚麻生理与栽培团队 2012 年开始进行了一系列亚麻与水分有关的研究，主要研究结果如下。

一、免耕栽培条件下亚麻生长规律研究

为探讨亚麻免耕条件下干物质形成规律，在云南楚雄州采用单因素随机区组设计，设免耕与对照组，各 3 次重复，使用品种中亚麻 4 号，播种密度 2 600 株 /m²，小区面积 6 m²，肥料只使用复合肥，底肥 40 kg/ 亩，追肥 20 kg/ 亩，田间管理与正常耕作方式相同，在其生长过程中约每隔 2 周取材 1 次，阴干后测其株高、茎粗、单株总重、单株茎重等指标。

干旱较严重时，在相同的播种密度下，亚麻株高（图 3-26）、茎

粗（图 3-27）、单株原茎重（图 3-28）与对照具有相同的累积规律，对比差异在 4% 以内。除茎粗外，其他产量指标在 2 月 15 日至 3 月 25 日间增长速度最快，此期间各项指标的累积量占据 60% 以上，而苗期及工艺成熟期以后各项指标增长缓慢，两段时间的累积量均低于 20%。与春播亚麻相比，冬播亚麻的生育期较长，主要是由于冬播亚麻苗期气温低，亚麻生长缓慢，使得苗期生长时间长于春播亚麻，亚麻快速生长期对肥料和水分的需求最大，在此阶段应保证充足的水肥。

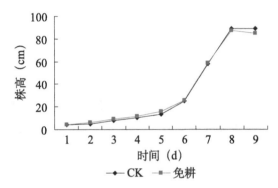

图 3-26　不同耕作方式亚麻株高增长曲线

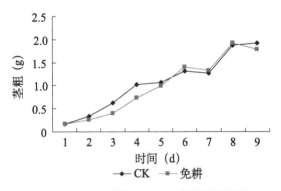

图 3-27　不同耕作方式亚麻茎粗增长曲线

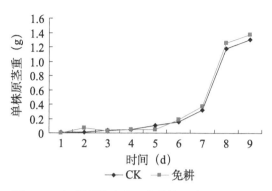

图 3-28　不同耕作方式亚麻单株原茎重增长曲线

试验结果表明，在该免耕栽培模式下，亚麻株高、茎粗、单茎重的增长曲线与对照基本一致，亚麻原茎产量增长 1.5%，种子产量增长 2.69%，密度降低 3.98%；免耕覆盖秸秆和对照两种情况下亚麻苗期和花期基本一致，无明显区别；从工艺成熟期上看，免耕田约需 140 d，对照约需 137 d，亚麻生育期推迟 3 d 左右，田间可看到较为明显差异。总体来说，免耕条件下亚麻单株株高、茎粗、单株干重均与对照具有相似的累积规律，原茎及种子产量略有增加。

二、免耕栽培条件下亚麻原茎产量研究

4 年的试验产量数据结果表明，免耕原茎产量平均为 8 907.11 kg/hm²，种子平均产量为 987.01 kg/hm²；对照原茎产量数据为 8 586.25 kg/hm²，种子产量为 972.44 kg/hm²；原茎比对照增产 1.5%，种子比对照增产 2.69%。2013—2014 年，在大理州宾川县金牛镇进行亚麻免耕栽培技术示范，经国家麻类产业体系专家组现场测产验收，原茎产量达到 11 366.4 kg/hm²（图 3-29）。

在相同的播种密度下，翻耕的收获密度为 1 292.27 株 /m²，免耕的收获密度为 1 245.58 株 /m²，免耕收获密度相对翻耕低 3.98%。

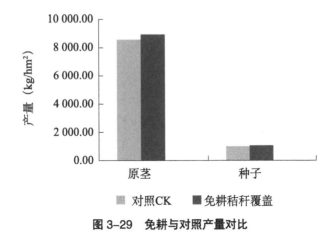

图 3-29　免耕与对照产量对比

三、免耕栽培条件下土壤环境研究

2010—2014 年，在云南省开展了 4 年的免耕条件下土壤环境变化相关试验，前茬均为水稻田，试验品种为中亚麻 4 号，肥料使用复合肥（16-16-16）60 kg/ 亩，开小行免耕播种，干稻草覆盖约 0.4 kg/m²，以常规翻耕为对照（CK），有效栽培密度 2 000 粒 /m²，随机区组，3 次重复。调查免耕条件下土壤温度、水分含量、微生物数量、土壤酶活、杂草生长情况、原茎产量、种子产量等并进行比较分析。

（一）免耕对土壤水分的影响

亚麻工艺成熟期是云南省少雨季节，土壤处于干旱状态，翻耕的土壤含水量范围为 9.49%～16.74%，免耕的土壤含水量范围为 14.03%～15.29%，两者土壤含水量都是由上至下逐渐增加。免耕模式下土壤含水量变化幅度较小，上层（0～5 cm 深度）土壤含水量比翻耕高 47.84%，中间层（5～10 cm 深度）比翻耕高 3.84%，而下层（10～20 cm 深度）比翻耕低 8.67%。

（二）免耕覆盖稻草对上层土壤温度的影响

从 0:00 开始，两种栽培方式下上层土壤温度都是经历降低—升高—降低的过程（图 3-30），两者的最低温度和最高温度均分别出现在 8 时和 16 时，温度变化区间分别为翻耕土壤 8.83～18.16℃、免耕土壤 10～15.88℃；免耕土壤的温度在 2—10 时略高于翻耕土壤温度，其他时间大都低于翻耕温度，一天中的温度变化曲线相对平缓，分析可能是由于覆盖的稻草白天挡住了阳光直射，减缓了热量吸收的速度，导致温度偏低；而夜间稻草减缓了热量的流失速度，有一定保温作用，使部分时间段土壤上层温度高于翻耕土壤。

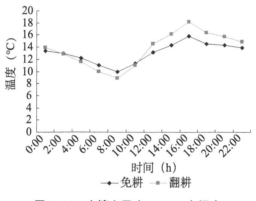

图 3-30　土壤上层（0～5 cm）温度

（三）免耕覆盖对土壤水分的影响

随着灌水后时间的延长，免耕和翻耕处理土壤的含水量都一直在减小（图 3-31），免耕的土壤含水量分别从 56.70% 降低到 24.17%，翻耕的土壤含水量从 54% 降低到 15%，在此过程中免耕处理的土壤含水量一直比翻耕处理高，可见翻耕处理的土壤含水量降速较快，降幅较大，相同时间段内免耕土壤湿润度较大，免耕土壤湿度下降明显缓慢，说明免耕处理有利于土壤含水量的保持。

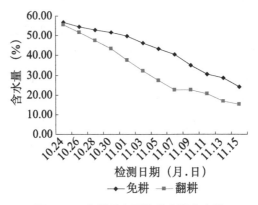

图 3-31　免耕秸秆覆盖的土壤含水量

（四）免耕覆盖对土壤微生物的影响

两种耕作模式各土层菌群数量上比较来说都是细菌数量＞放线菌数量＞真菌数量，免耕模式下 0～5 cm 土层微生物比翻耕模式多，主要是细菌和放线菌，免耕模式下放线菌的数量随着深度的增加而增加，真菌和细菌的数量都是中间层最少，下层最多。翻耕模式下细菌数量随着土壤深度的增加而增加，放线菌数量则是上层最少，中间层最多。亚麻工艺成熟期两种耕作模式下土壤水分含量和土壤真菌、放线菌、细菌数量对比情况见图 3-32、图 3-33、图 3-34。

（五）免耕覆盖对土壤酶活性的影响

土壤酶活性对比情况可见图 3-35，免耕与翻耕的工艺成熟期酶活大小顺序一致，均为中性磷酸酶＞脲酶＞蔗糖酶＞过氧化氢酶，且中性磷酸酶和脲酶活性远大于蔗糖酶和过氧化氢酶活性。其中，免耕土壤的中性磷酸酶活性和脲酶活性高于对照，而蔗糖酶活性和过氧化氢酶活性低于对照（图 3-35）。

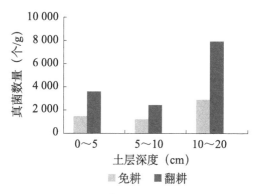

图 3-32 两种耕作模式下土壤真菌数量

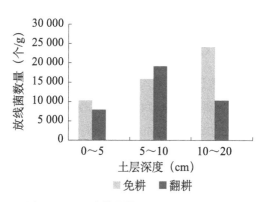

图 3-33 两种耕作模式下土壤放线菌数量

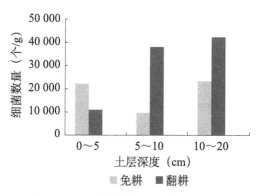

图 3-34 两种耕作模式下土壤细菌数量

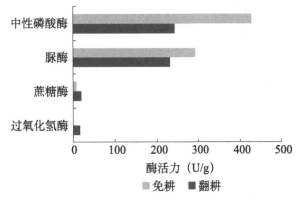

图 3-35　两种耕作模式下的 4 种土壤酶活性

（六）免耕覆盖对杂草生长的影响

免耕田里杂草数量少，平均为 43 株 /m²，而对照田中杂草密度达 115 株 /m²；但免耕田中杂草植株普遍较高大，单株平均重量高，主要的蓼科杂草平均单株重为 4.49 g，而对照田中蓼科杂草平均单株重只有 2.78 g，免耕田中杂草总平均单株重量为 1.45 g，而对照田中只有 0.55 g；两种耕作方式田间杂草总重相近，对照略高，生长方式差异明显，免耕覆盖田杂草少而壮，对照多而弱。

四、稻田亚麻免耕栽培技术研究

（一）稻田亚麻免耕栽培技术试验

1.湖南沅江冬闲田亚麻免耕栽培技术试验

根据前期的试验设以下处理：① CK，割稻桩并耕作表层 5～10 cm 土壤；②处理一，割稻桩并覆盖稻草；③处理二，割稻桩；④处理三，不割稻桩，只捡掉散的稻草；⑤处理四，水稻收获后不作处理直接播种。

试验结果（表 3-13）表明除种子量外，其他产量性状，免耕处理均高于对照，尤其是原茎产量，试验表明，运用免耕技术在南方冬闲水稻田里种植亚麻是可行的。由于所选水稻田地势过低，排水状况不理想，所以造成整个试验区亚麻的产量偏低。

初步摸索出湖南多雨地区比较理想的免耕种植模式：以水稻田为前作，11 月将较高稻桩割掉，直接撒籽，然后盖稻草一薄层，稻草厚度约 0.2 kg/m²，有效播种密度 2 000 粒 /m²。

表 3-13　亚麻免耕试验产量性状

处理	原茎产量 （kg/hm²）	株数 （株 /m²）	株高（cm）	种子产量 （kg/hm²）
CK	3 950	1 124	70	910
1	5 750	1 420	78	810
2	4 800	1 213	72	590
3	4 000	1 153	74	660
4	3 800	1 396	77	550

2. 云南宾川水稻田亚麻免耕试验

免耕是 20 世纪农业技术领域中最大进步之一。它对水土保持、土壤含水量保持、环境保护、提高作物产量都有很好的促进作用。2012 年在云南宾川进行，前茬为水稻田。主要模拟机械化进行了亚麻少免耕技术的优化研究。

具体试验方案如下：品种选用中亚麻 2 号，选地力均匀的水稻田，均匀施肥，采用 10 种处理方式，3 次重复，随机排列，共 30 个小区，每小区 2 m×3 m=6 m²，行距 20 cm，10 行，有效播种粒数 2 400 粒 /m²，区组间距 80 cm。

试验按照以下 10 个处理进行：①翻 15 cm，碎土，行播、做对照；②完全免耕不开沟，行播、不覆；③完全免耕不开沟，行播，覆干稻草 2～3 层，地面表皮覆盖率 95% 以上，约 0.4 kg/m²；④完全免耕不开沟，行播，覆大沟边碎土不大于 0.5 cm；⑤免耕开小沟，不覆；⑥免耕开小沟，覆稻草 2～3 层，地面表皮覆盖率 95% 以上，约 0.4 kg/m²；⑦免耕开小沟，覆土深度不大于 0.5 cm；⑧免耕破碎厢面 2 cm，行播、不覆；⑨免耕破碎厢面 2 cm，行播，覆稻草 2～3 层。⑩免耕破碎厢面 2 cm，行播，覆土深度不大于 0.5 cm。

从试验的产量结果方差分析看，各个处理差异不显著，说明各个处理都可采用。但是从减少投入，增加效益的角度，本试验得到两种可行的简约化耕种方式：一是厢面破碎 2 cm，行播，覆稻草 0.4 kg/m² 或覆土 0.5 cm，灌出苗水，产量可达 836 kg/ 亩，比常规种植方式增产 13 kg，但能有效降低能耗减少土地投入成本约 80 元 / 亩；二是完全免耕，不开沟，行播，均匀覆稻草 0.4 kg/m² 覆沟边碎土，灌出苗水，产量可达 810 kg 以上，比常规种植方式低 1～11 kg，差异不明显，但可减少耕种成本 100 元以上。

免耕在一定程度上会影响亚麻的出苗率，而覆盖稻草有遮阴保水的作用，可以在一定程度上提高亚麻的出苗率，从而有利于提高亚麻产量；同时整个生育期都存在的稻草使土壤含水量可以保持在相对较高的水平，有利于亚麻的生长，从而增加了亚麻原茎产量。与常规耕作处理相比，研究中设计的 9 种不同的保护性耕作方式，均可以显著提高亚麻生育期间农田耕层土壤的含水量，并在一定水平上提高亚麻的株高、茎粗、工艺长度、分枝数、单株蒴果数、单株茎重；与常规耕作处理相比，不同保护性耕作处理对亚麻籽粒和纤维的增产效果不显著，但是从综合产量上看，完全免耕、不开沟、用厢沟边碎土盖种厚度不大于 0.5 cm 处理增产效果最佳，较常规耕作籽粒增产 272 kg/hm²，纤维增产 123 kg/hm²。因此，在光热丰富，但是干旱少雨的宾川及具有类似气候的地区，保护性耕作可以作为亚麻种植良好选择，适宜的保护性耕作可以提高亚麻纤维和籽粒的产量，并可以降低亚麻种植成本，从而提高麻农种植收益。

（二）水稻田亚麻免耕栽培技术的优化与示范

2013 年 10 月 6 日在云南省宾川县金牛镇仁和村委会菜官营村亚麻基地开展了亚麻轻简化栽培技术示范，示范面积 15 亩。每亩播种 10.5 kg，每亩施尿素 32 kg、普钙 36 kg、硫酸钾 22 kg、硼肥 2 kg、锌肥 2 kg，工艺成熟期收获。2014 年 4 月 3 日，国家麻类产业技术体系首席科学家办公室组织专家对亚麻栽培岗位开展的"水稻田亚麻免耕栽培技术的优化与示范"任务进行了验收。经现场实测验收，亚麻中亚麻 4 号亩产原茎可达 757.76 kg，达到体系重点任务"CARS-19-07 B 麻类作物轻简化栽培技术研究与示范"要求亩产亚麻原茎 580 kg 的指标，建议进一步加快示范成果推广，促进了本区域冬闲田亚麻生产技术提升。

2018 年利用中国农业科学院麻类研究所与湖南农业大学合作研发的麻类播种机，进行了亚麻免耕机械化轻简化栽培技术示范（图 3-36），具体操作是：选择具有一定土壤湿度的田地实施免耕种植与机械化结合，直接在未翻耕土壤上开沟播种；保持土壤相对湿度 30%～70%，气象条件干燥情况下覆盖碎草 0.15～0.25 kg/m²；品种采用中亚麻 1 号，有效播种密度 1 800～2 000 粒 /m²，播种深度 2～3 cm，行距 10～15 cm；适宜的水肥管理，苗期及快速生长期应保证足够的水分供应，为了控制亚麻倒伏，根据前期肥料试验结果，适当减少了氮肥用量，增加了磷肥的用量。每亩地使用 5 kg 氮磷钾复合肥（15-15-15）做底肥；适时收获，工艺成熟期及时收获。该技术条件下，2018 年春季收获平均原茎产量 418.1 kg/ 亩，与常规对照 422.8 kg/ 亩的原茎产量基本持平。

图 3-36　亚麻免耕机械化轻简化栽培技术示范

第四节　亚麻复种栽培技术研究

亚麻在我国北方为短季节作物，生育期 80 d 左右，亚麻收获后土地有一个较长的闲置期，对无霜期 ≥ 120 d 地区的积温有些浪费。为了增加亚麻种植的综合效益，国家麻类产业技术体系亚麻生理与栽培岗位以及相关的岗位及试验站都开展了亚麻复种秋菜或牧草等作物的相关研究。现对亚麻生理与栽培岗位的部分研究成果介绍如下。

一、黑龙江省亚麻复种秋菜栽培技术研究

为缩短亚麻的生育期，选择了早熟品种中亚麻 1 号，播种面积 2 亩，播种密度 1 800 粒 /m²。中亚麻 1 号于 4 月 20 日播种，7 月

20 日收获。秋菜选择适宜当地的品种红萝卜、苹果芥菜、白菜 586、白萝卜、白菜碧玉（育苗移栽）和小樱芥菜。除白菜碧玉品种生育期超过 80 d，其他都在 60～65 d，因此，除白菜碧玉提前 15 d 育苗后再移栽到试验地，其他均采用直播。每个秋菜品种播种 0.3 亩，亚麻雨露沤制以后于 8 月 5 日播种。

经随机采样测产表明：中亚麻 1 号株高 92 cm，原茎产量为 508.32 kg/ 亩，种子产量 19.73 kg/ 亩，采用雨露沤制 15 d 后，得到沤成干茎产量为 408.54 kg/ 亩，种子产量为 13.65 kg/ 亩，出麻率为 25.4%，纤维产量 103.77 kg/ 亩。复种秋菜产量指标及种植效益见表 3-14。

表 3-14　复种秋菜产量指标及种植效益

序号	品种	密度（株 /m²）	单株鲜重（kg）	单株净重（kg）	亩产鲜重（kg）	亩产净重（kg）	收购价格（元）	亩效益（元）
1	红萝卜	5	1.08	0.75	2 644.25	1 534.67	0.8	1 227.74
2	苹果芥菜	9.07	0.73	0.51	2 599.59	1 524.03	0.7	1 066.82
3	白菜 586	5.33	—	1.21	—	2 869.81	0.4	1 147.92
4	白萝卜	5.74	1.26	0.88	2 803.87	1 759.66	0.8	1 407.73
5	移栽白菜碧玉	4.81	—	2.3	—	4 527.43	0.4	1 810.97
6	小樱芥菜	15.33	0.42	0.24	2 530.43	1 056.78	2	1 585.17

从结果得出，根据当地秋菜的收购价格，每亩有效收益在 1 066.82～1 810.97 元，除去人工、种子、肥料、运输等成本折合

图 3-37 亚麻复种秋菜

1 000元/亩，每亩增效在 66.82～810.97 元。由于试验地块有效积温偏低，影响了秋菜的生长，主要表现在单株重太小，如果生育期能延长 10～15 d，产量还有很大的提升空间。当年在秋菜播种时遇到了当地罕见的干旱，一个多月未曾降雨，前期是靠人工运水进行两次简单浇水，仅保证了种子正常发芽，但对前期生长造成了重大影响。所种植的亚麻品种为早熟品种中亚 1 号，于 4 月 20 日播种，7 月 20 日收获，生育期仅 80 d 左右，再缩短亚麻的生育期空间很小。主要矛盾就在于雨露沤制（7 月 21 日至 8 月 5 日）时间长达 15 d，占用秋菜生长的黄金季节，只有调整亚麻沤制方式才能从根本上解决亚麻复种秋菜的收益问题，例如试验中移栽的白菜比直播的白菜增产 1 657.62 kg/ 亩，增效 663 元 / 亩。

2017 年继续在黑龙江哈尔滨呼兰区开展了亚麻秋菜（秋季蔬菜）复种试验。试验于 4 月 24 日播种亚麻，于 7 月 16 日工艺成熟期时收获亚麻，亚麻地分成两块，一块整地进行秋菜的播种，另一块铺满亚麻茎进行雨露沤制 15 d，8 月 1 日播种秋菜。

当年黑龙江哈尔滨呼兰区春末和夏初降水较往年相比大幅度减少，正值亚麻苗期和快速生长期，亚麻长势较差，产量比往年有较大程度降低。亚麻原茎产量为 375.19 kg/ 亩，种子产量 32.41 kg/ 亩，出麻率 18.90%，纤维产量为 54.72 kg/ 亩，通过雨露沤制方法收获的亚麻沤制完毕后干茎产量达到 303.90 kg/ 亩，种子产量 10.05 kg/ 亩，出麻率 21.64%，纤维产量为 65.76 kg/ 亩。

复种的秋菜都是选择当地广泛种植且生育期短（60～70 d）的两个白菜品种、白萝卜、红萝卜、苹果芥菜、小芥菜共 6 个品种（图 3-37）。分两批播种：一批是 7 月 16 日亚麻收获后播种，另一批是 8 月 1 日待亚麻雨露沤制完成后进行播种，收获时间为 10 月 8 日。本次试验由于秋菜的播种时间提前，产量得到显著提高。但是第一批播种后，降水稀少，浇水量有限，影响秋菜的生长，产量相比第二批提升得不显著。苹果芥菜和小芥菜抗旱性较差，第一批播种的出苗情况不理想，导致此次播种的单株净重及亩产量都稍低于第二批。除了第二批白菜碧玉、第一批苹果芥菜和小芥菜 3 个处理由于产量较低，导致增收较少，都低于 1 000 元，其他处理的增收均高于 1 000 元，其中，小芥菜第二批处理最高，达到 1 524.66 元 / 亩，白萝卜第一批次之，达到 1 418.78 元 / 亩。成本核算包括从播种到收获所产生的劳务、肥料、种子、农药、短距离运输等费用。由此可见，针对亚麻生育期短的特点，通过筛选出早熟抗倒伏品种中亚麻 1 号，采用秋菜复种栽培，可充分利用黑龙江南部地区的有效积温，

亚麻栽培理论与技术

显著增加种植的经济效益（表3-15）。

表 3-15　亚麻复种秋菜产量性状及增收

品种	播种期	单株净重（kg）	亩产量（kg）	单价（元/kg）	总价（元）	成本（元）	增收（元）
白菜586	7月16日	2.69	8 059.58	0.4	3 223.83	2 000	1 223.83
	8月1日	2.64	7 714.97	0.4	3 085.99	2 000	1 085.99
白菜碧玉	7月16日	2.35	7 726.08	0.4	3 090.43	2 000	1 090.43
	8月1日	2.32	7 170.25	0.4	2 868.10	2 000	868.10
白萝卜	7月16日	1.71	7 670.50	0.55	4 218.78	2 800	1 418.78
	8月1日	1.53	7 236.95	0.55	3 980.32	2 800	1 180.32
红萝卜	7月16日	1.15	5 808.46	0.7	4 065.92	2 800	1 265.92
	8月1日	1.11	5 847.37	0.7	4 093.16	2 800	1 293.16
苹果芥菜	7月16日	0.75	3 601.80	0.95	3 421.71	2 800	621.71
	8月1日	1.12	4 243.79	0.95	4 031.60	2 800	1 231.60
小芥菜	7月16日	0.43	3 556.78	0.95	3 378.94	2 800	578.94
	8月1日	0.47	4 552.28	0.95	4 324.66	2 800	1 524.66

　　2018年，在前两次试验的基础上继续进行亚麻复种秋菜试验，以多年多点的试验来验证该技术的可行性。选用早熟抗倒伏品种中亚麻1号于4月22日播种，7月20日收获，生长期约80 d。当年黑龙江省气候反常，前期异常干旱，后期降水过多，造成了水涝灾害，给亚麻的生长造成了较大影响。经随机采样测产表明，株高92 cm，通过雨露沤制方法收获的亚麻沤制完毕后干茎产量达到298.74 kg/亩，种子产量11.25 kg/亩，出麻率20.14%，纤维产量为60.17 kg/亩。

　　复种的秋菜选择当地广泛种植且生育期短（60～70 d）的白菜、白萝卜、红萝卜、苹果芥菜、小芥菜等。分两批播种：一批是7月24日亚麻收获后播种，另一批是8月6日待亚麻雨露沤制完成后进行播种，收获时间为10月8日。在前次试验的基础上，优化了栽培方案，但是由于天气等因素的影响，秋菜的播种比2017年延后了一周，由于当年降水较充足，秋菜出苗好，长势良好，产量也较高。7月24日播种的所有秋菜无论是单株重还是总产量都稍高于8月6日播种的，但是差距不大。增收效益最大的是苹果芥菜，每亩可达到2 000元，白菜和白萝卜每亩增收均在1 000元左右，只有小芥菜产量较低，加之收获成本较高，增收较少。因此，在降水充足或灌溉设施有保障条件下，选用早熟亚麻品种，尽早播种，及时收获，利用有利天气条件雨露沤制后再及时进行复种短生育期秋菜的技术是可行的，能显著提高种植效益（表3-16）。

表3-16　亚麻复种秋菜产量性状及增收

品种	播种期	单株净重（kg）	亩产量（kg）	单价（元/kg）	总价（元）	成本（元）	增收（元）
白菜586	7月24日	3.03	8 304.15	0.4	3 321.66	2 000	1 321.66
	8月6日	2.75	7 648.82	0.4	3 059.53	2 000	1 059.53
白菜碧玉	7月24日	3.68	8 782.72	0.4	3 513.09	2 000	1 513.09
	8月6日	3.03	7 115.22	0.4	2 846.09	2 000	846.09
白萝卜	7月24日	1.71	7 398.7	0.55	4 069.29	2 800	1 269.29
	8月6日	1.49	6 958.48	0.55	3 827.16	2 800	1 027.16
红萝卜	7月24日	1.16	5 391.03	0.7	3 773.72	2 800	973.72
	8月6日	1.02	5 185.93	0.7	3 630.15	2 800	830.15

续表

品种	播种期	单株净重（kg）	亩产量（kg）	单价（元/kg）	总价（元）	成本（元）	增收（元）
苹果芥菜	7月24日	0.97	5 280.97	0.95	5 016.92	2 800	2 216.92
	8月6日	0.87	4 724.03	0.95	4 487.83	2 800	1 687.83
小芥菜	7月24日	0.55	3 510.09	0.95	3 334.59	2 800	534.59
	8月6日	0.48	3 173.25	0.95	3 014.59	2 800	214.59

从2017—2018年两年的结果来看，亚麻收获后直接种植或亚麻雨露后再种植苹果芥菜、白萝卜、红萝卜及早熟白菜都可以增加收入1 000元以上（表3-17），如果是生育期较长的白菜品种，只能在亚麻收获后直接种植，或者尝试进行套种。通过2年的试验证明，在黑龙江的南部，采用早熟亚麻品种，在亚麻收获后或亚麻雨露后种植生育期较短的秋菜都是可行的，而且经济效益明显。如果是晚熟秋菜品种则要采取育苗或套种等措施。

表3-17　2017—2018年复种秋菜的平均产量及效益

品种	播种期	单株净重（kg）	亩产量（kg）	单价（元/kg）	总价（元）	成本（元）	增收（元）
白菜586	第一期	2.86	8 181.9	0.4	3 272.7	2 000	1 272.7
	第二期	2.7	7 681.9	0.4	3 072.8	2 000	1 072.8
白菜碧玉	第一期	3.02	8 254.4	0.4	3 301.8	2 000	1 301.8
	第二期	2.68	7 142.7	0.4	2 857.1	2 000	857.1
白萝卜	第一期	1.71	7 534.6	0.55	4 144	2 800	1 344
	第二期	1.51	7 097.7	0.55	3 903.7	2 800	1 103.7
红萝卜	第一期	1.16	5 599.7	0.7	3 919.8	2 800	1 119.8
	第二期	1.07	5 516.7	0.7	3 861.7	2 800	1 061.7

续表

品种	播种期	单株净重（kg）	亩产量（kg）	单价（元/kg）	总价（元）	成本（元）	增收（元）
苹果芥菜	第一期	0.86	4 441.4	0.95	4 219.3	2 800	1 419.3
	第二期	1	4 483.9	0.95	4 259.7	2 800	1 459.7
小芥菜	第一期	0.49	3 533.4	0.95	3 356.8	2 800	556.8
	第二期	0.48	3 862.8	0.95	3 669.6	2 800	869.6

二、吉林省亚麻复种秋菜栽培技术研究

2016—2018 年，在吉林省在公主岭市开展亚麻复种白菜、西兰花模式试验研究，该试验主要由国家麻类产业技术体系长春亚麻试验站完成。试验地点位于吉林省中部地区公主岭市范家屯镇，土壤为黑土，pH 值为 6.83、年平均气温 5.9℃、最高气温 39.4℃、最低气温 –35.9℃，无霜期 135 d 左右。该地点亚麻只种植一季，8—10 月田闲期间即可种植西兰花，提高土地利用率，农民增产增收，为促进地区经济发展提供有利条件。试验选择了生育期短的吉亚 6 号，亚麻播种时间 4 月 20 日，机播，行距 15 cm，施肥复合肥 250 kg/hm²，密度 450 株/m²，面积 1 亩，于 7 月 25 日收获。亚麻地收获后即深耕整地、起垄。

复种作物西兰花为当地常规种植早熟品种，于 6 月末进行西兰花育苗，用 55℃的温水浸种 15 min，并不停地搅拌，待水温降至 20℃时停止，继续用温水浸泡 4 h，用清水冲洗干净后催芽，将浸泡过的种子用湿润棉纱布包裹，在 30℃的温度下进行催芽。每天用清水冲洗 1 次，待 60% 的种子露白时播种。育苗基质为草炭、珍珠岩、蛭石、沤肥，比例为 3∶2∶2∶3。育苗时，需要保持土壤微微

湿润，温度在20～25℃最有利于发芽，西兰花幼苗生长到25～30 d的时候，就可以移栽定植。定植后60～65 d即可收获。

亚麻与白菜复种，选择抗逆性强、耐寒力强、无病害的优良白菜种子，每亩用量在0.5 kg左右，在生长到2～3片或4～5片真叶时，各进行一次间苗和补苗，并除去一些杂草、病苗、弱苗。当幼苗生长到有5～6真叶时，即可进行移栽定植，移栽后立即浇水，保持土壤湿润，以后每天早晚各浇水一次，连续3 d，以利缓苗保活。

亚麻收获后，进行复种西兰花和白菜试验来增加地区的经济效益，从而有利于增加农民收入，使种植亚麻后的闲置田地可以得到有效利用。

通过3年连续进行亚麻复种白菜和西兰花的复种效果较好，平均亩产量分别为白菜2 715.5 kg和西兰花1 465.2 kg。白菜价格按1元/kg计算，西兰花按2.5元/kg计算，白菜亩收入2 715.5元，西兰花亩收入3 663.0元（表3-18）。所以，亚麻复种西兰花、白菜可增加收入，形成了一年两作的耕作模式。

表3-18　亚麻复种作物的亩产量　　　　单位：kg

复种作物 \ 年份	2016	2017	2018	平均	收入（元）
白菜	2 658.2	2 739.9	2 748.5	2 715.5	2 715.5
西兰花	1 423.5	1 540.3	1 431.8	1 465.2	3 663.0

三、山东省亚麻复种秋菜栽培技术研究

2016年在山东开展了亚麻复种秋菜试验，复种试验也取得了明显的效果：3月15日至10月20日在山东泰安试验基地开展了亚麻蔬菜复种试验，由于亚麻收获后需要进行雨露沤制占用了大量的土

地，影响夏玉米播种，只在雨露沤麻的行间套种了玉米。沤麻区域结合产业体系任务开展了亚麻蔬菜复种试验：按当地种植习惯种植蔬菜，分别种植莴苣、大葱、西兰花、水萝卜等，正常田间管理，收获后测产计算产值，发现亚麻复种西兰花、亚麻大葱复种搭配最为合适，时间接茬经济价值高（表3-19）。由于山东相对于黑龙江无霜期长，有效积温高，亚麻复种蔬菜效益好，可选择种类多。同时，在积温相同的亚麻产区，都可以根据当地蔬菜种植及消费习惯，选择适宜的蔬菜种类进行种植。

表 3-19 2016 年山东泰安地区亚麻复种蔬菜产值对比

作物类别	产量（kg/亩）	批发价（元/kg）	产值（元/亩）	肥料投入（元/亩）	育苗及人工投入（元/亩）	净收益（元/亩）
莴苣	3 768.5	0.8	3 014.8	380	1 400	1 234.8
西兰花	2 000.4	2.4	4 800.96	380	2 480	1 940.96
大葱	6 775.5	0.8	5 420.4	380	2 200	2 840.4
水萝卜	4 877.2	0.7	3 414.04	380	1 280	1 754.04
玉米	912	1.6	1 459.2	220	500	739.2

四、黑龙江省亚麻复种牧草栽培技术研究

2018 年，在哈尔滨市黑龙江省农业科学院试验基地开展了亚麻复种牧草品种比较试验，选用绿肥及牧草品种 10 个，每个品种设 3 次重复，小区面积 6 m²，按随机区组排列。于亚麻收获结束马上进行播种。各种绿肥及牧草于 8 月 8 日陆续完成出苗，10 月 13 日进行牧草收获测产。

试验得到较好的产量，也验证这一技术的可行性。由表 3-20

可得出，各种绿肥及牧草复种后，生长情况差异很大，长势好的在
2个多月的时间长到了90 cm左右，而不适宜的品种只不足30 cm，
相差非常大，产量差异也比较显著。最高的是燕麦，鲜草重达到
5 026.96 kg/亩，干草重为1 671.95 kg/亩（表3-20），按当地干草
市场价400元/t，每亩可增收668.78元，除去成本增收300元左
右。宁夏出花燕麦和大麦产量也较高，亩产干草达到1 056.08～
1 325.11 kg。

表3-20　亚麻复种绿肥及牧草田间产量

绿肥及牧草品种	株高（cm）	亩产鲜草（kg）	亩产干草（kg）	干草率（%）
燕麦	91.0	5 026.96	1 671.95	33.30
宁夏出花燕麦	89.0	4 566.73	1 325.11	29.18
大麦	86.0	3 206.05	1 056.08	32.89
青稞	80.0	3 339.45	929.35	28.31
小米草	61.0	2 018.79	727.03	35.70
黑小麦	51.0	1 916.51	564.73	30.09
毛叶苕子	45.0	2 550.16	538.05	20.91
箭鞘豌豆	40.0	2 027.68	417.99	20.75
紫花苜蓿	30.0	1 042.74	280.14	26.90
提摩西	20.0	257.91	—	—

2019年，在黑龙江省哈尔滨市亚麻试验基地开展了亚麻牧草复
种试验。亚麻早熟品种中亚麻1号，牧草品种筛选了通用11个品
种：燕麦草、黑麦草、野豌豆草、狼尾草、苏丹草、高丹草、提摩
西、紫花苜蓿、紫云英、玉米草、苦荬菜。亚麻于4月20日播种，
复合肥（15-15-15）10 kg/亩做基肥一次施入。7月25日完成了亚麻

的收获，7 月 27 日不耕地、不施肥进行牧草播种。牧草收获分成两批，不耐冻的品种于 9 月 26 收获，耐冻的品种于 10 月 15 日收获。

中亚麻 1 号原茎产量为 402.65 kg/ 亩，出麻率为 24.21%，纤维产量为 97.44 kg/ 亩。11 个牧草品种由于一大部分品种在当地的适宜性不好，一些品种出苗不佳，一些品种出苗但不长，这些品种到收获时高度不足 20 cm，失去收获和种植的意义。但有一些牧草品种比较适合在当地和亚麻进行复种，如裸燕麦草、黑麦草、野豌豆草、狼尾草。其中苏丹草长势最好，产量最高，干草重达到了 316.96 kg/ 亩，每亩增收 275.44 元，其次为黑麦草和裸燕麦草，每亩增收 180 元以上（表 3-21），其他两种草由于产量较低，扣除成本后增收不是很理想。

表 3-21　亚麻复种牧草试验田间产量性状

序号	品种	株高（cm）	鲜重（kg/ 亩）	干重（kg/ 亩）	产值（元 / 亩）	扣除成本增收（元 / 亩）
1	黑麦草	52.22	1 617.48	278.21	417.31	217.31
2	野豌豆草	46.52	768.16	153.63	230.45	30.45
3	狼尾草	63.34	997.17	181.48	272.23	72.23
4	苏丹草	110.28	1 760.88	316.96	475.44	275.44
5	裸燕麦草	79.21	1 295.35	256.42	384.63	184.63

从两年的试验结果可以看出：在黑龙江南部地区，亚麻收获后复种燕麦、裸燕麦、苏丹草、黑麦草等牧草产量比较高，可以根据需求开展亚麻—牧草的复种。同时，纬度相对较低的亚麻产区，例如河北、宁夏、山西、内蒙古、甘肃等地的亚麻产区都可以尝试种植。

第五节　亚麻抗倒伏技术研究

倒伏是作物生产中普遍存在的问题，是由外界因素引发的植株茎秆从自然直立状态到永久错位的现象（田保明等，2006）。作物倒伏后，打乱了叶片在空间的正常分布秩序，破坏了植物的群体结构，使叶片光合效率锐减，秕粒量增加，有效角果减少；茎折破坏了茎秆的输导系统，影响根系向叶片输送水分和养分，影响叶片向果穗输送光合产物，若茎折严重会造成伤口以上部分死亡，光合作用和籽粒灌浆停止（田保明等，2005）。亚麻为密植作物，麻茎仅有 1～2 mm，尤其在亚麻绿熟期以前亚麻茎秆木质化程度低，绿熟期蒴果比较重，非常容易倒伏。亚麻倒伏后出现贪青晚熟，干物质合成与转运受阻，代谢功能紊乱，部分营养器官重新发生，影响干物质的积累，导致严重减产，品质下降（万经中等，1998，Heller et al.，2015）。倒伏成为南方冬闲田种植亚麻的一个主要限制因素。因此，国家麻类产业技术体系亚麻生理与栽培岗位以及相关的岗位从降低植株高度和重心，改变亚麻营养生态条件等方面入手，开展了亚麻抗倒伏的相关研究。对亚麻生理与栽培岗位的部分研究成果介绍如下。

一、多效唑对亚麻的影响

在运用多效唑达到减轻倒伏目的同时也要兼顾产量。本研究在亚麻生长的不同时期运用不同剂量的多效唑对亚麻植株进行处理，研究其对农艺性状的影响以及与倒伏情况的关系，以期为亚麻抗倒高产栽培提供理论技术支撑。

国家麻类产业技术体系亚麻生理与栽培岗位于 2014 年 10 月至 2015 年 6 月在中国农业科学院麻类研究所沅江实验站。试验地点的前茬作物均为水稻。亚麻试验材料为中亚麻 1 号。试验药剂为多效唑（Chembase，北京），用乙醇将多效唑配置成 20 g/L 的母液，密封保存，喷施前用清水稀释至 50 mg/L、100 mg/L 和 200 mg/L，并加入 0.05% 的吐温 -20（Solarbio，北京）作为表面活性剂。

试验采取 2 因素 3 水平随机区组设计，3 次重复。因素 1 为喷施浓度，分为 50 mg/L、100 mg/L 和 200 mg/L 3 个水平。因素 2 为喷施时期，分为苗期、快速生长期和开花期 3 个水平。沅江播种期为 2014 年 10 月 27 日，3 次喷施日期分别为 2015 年 3 月 12 日、3 月 30 日和 4 月 14 日。每个小区 4 m²，喷施处理液 100 mL。田间管理同一般大田。

测定指标的方法在参考《亚麻种质资源描述规范和数据标准》的基础上依据实际情况有所变化（王玉富等，2006）。首先，在收获前调查亚麻表观倒伏率。

表观倒伏率（%）= 倒伏面积（m²）/ 总面积（m²）× 100

生理成熟期时每个小区随机取 20 株进行农艺性状（株高、工艺长度、茎粗、分枝数和蒴果数）的测定，晾干以后除去叶片、蒴果，用 1/100 的电子天平称量 20 株重量，计算单株茎重。各小区整区收获后晾干水分，去除杂草、泥土等杂质后分别称重作为原茎产量进行统计分析。将各小区的亚麻分别脱粒，经过干燥和清选获得的饱满、清洁的种子作为种子产量进行统计分析，试验结果如下。

（一）多效唑喷施时期和喷施浓度对亚麻农艺性状的影响

试验结果表明，多效唑喷施浓度对中亚麻 1 号的株高等农艺性状的影响差异均不显著。多效唑喷施时期对株高、工艺长度和茎粗的影响差异显著（$P<0.05$），对分枝数和蒴果数的影响差异不显著。不同多效唑喷施浓度下亚麻株高和工艺长度处理和对照之间差异显著，但不同浓度处理之间差异不显著。多效唑使株高的降低程度为苗期＞快速生长期＞开花期，且时期处理之间差异显著。苗期和快速生长期喷施多效唑显著降低了工艺长度且苗期处理降低程度较大。快速生长期和开花期喷施多效唑亚麻的茎粗和分枝数较对照有所增加，但差异均不显著。不同浓度和不同时期喷施多效唑均造成蒴果数下降，但浓度和时期处理间的差异不显著（表3-22）。

（二）多效唑喷施时期和喷施浓度对亚麻产量性状和倒伏情况的影响

试验结果表明，多效唑喷施浓度对亚麻产量性状的影响差异均不显著，多效唑喷施时期对亚麻的单株茎重和原茎产量的影响差异显著（$P<0.05$），对种子产量的影响差异不显著。不同的多效唑喷施浓度下亚麻单株茎重与对照相比有所减少但差异不显著；原茎产量与对照相比均降低且处理和对照间及处理间差异显著，其中50 mg/L处理对原茎产量的影响最严重。种子产量与对照相比均有增加，但差异不显著。苗期喷施多效唑亚麻的单株茎重较对照显著降低，其他两个时期没有显著变化；3个时期喷施多效唑均使原茎产量显著降低，苗期喷施使其降低幅度最大（表3-23）。

对表观倒伏率和测定的各农艺性状和产量性状进行了相关性分析（表3-24）。结果表明，表观倒伏率与株高和单株茎重呈极显著正相关与工艺长度呈显著正相关，与小区种子产量呈显著负相关，与其他性状没有显著的相关关系。

表 3-22　多效唑喷施时期和喷施浓度对亚麻农艺性状的影响

浓度	时期	株高（cm）	工艺长度（cm）	茎粗（mm）	分枝数（个）	蒴果数（个）
CK	CK	88.77±1.62a	66.45±1.76ab	2.03±0.13b	3.22±0.21c	7.42±1.25a
50 mg/L	苗期	77.9±3.89def	59.2±2.01cde	1.91±0.1b	2.8±0.22c	5.13±0.68ab
	快速生长期	79.82±5.2cdef	58.92±4cde	2.12±0.14b	3.23±0.1c	8.22±1.06a
	开花期	87.85±2.83ab	66.62±3.38	2.78±0.85ab	5.47±3.02abc	6.9±4.07ab
100 mg/L	苗期	76.18±1.08ef	54.53±2.13e	1.85±0.12b	3.08±0.45c	6.6±1.18ab
	快速生长期	81.97±3.16bcde	60.78±1.14cd	3.48±0.34a	8.85±2.5a	2.6±0.65b
	开花期	84.53±1.03abc	71.27±2.26a	1.9±0.09b	2.72±0.29c	5.1±0.85ab
200 mg/L	苗期	75.55±3.81f	55.35±6.51de	1.95±0.09b	3.28±0.19c	5.92±1.24ab
	快速生长期	83.52±3.28abcd	62.55±0.98bc	2.68±0.8ab	5.18±3.03bc	7.13±4.52ab
	开花期	85.77±3.15ab	63.65±0.52bc	3.5±1.15a	7.6±3.68ab	4.32±3.27ab
CK		88.77±1.62a	66.45±1.76a	2.03±0.13a	3.22±0.21a	7.42±1.25a
50 mg/L		81.86±5.28b	61.58±4.37b	2.27±0.45a	3.83±1.43a	6.75±1.55a
100 mg/L		80.89±4.28b	62.19±8.46b	2.41±0.93a	4.88±3.44a	4.77±2.02a
200 mg/L		81.61±5.37b	60.52±4.51b	2.71±0.77a	5.36±2.16a	5.79±1.41a
	CK	88.77±1.62a	66.45±1.76a	2.03±0.13a	3.22±0.21a	7.42±1.25a
	苗期	76.54±1.22c	56.36±2.49c	1.9±0.05a	3.06±0.24a	5.88±0.73a
	快速生长期	81.77±1.86b	60.75±1.82b	2.76±0.69a	5.76±2.85a	5.98±2.98a
	开花期	86.05±1.68a	67.18±3.84a	2.73±0.8a	5.26±2.45a	5.44±1.32a

续表

浓度	时期	株高（cm）	工艺长度（cm）	茎粗（mm）	分枝数（个）	蒴果数（个）
浓度 P 值		0.802	0.612	0.072	0.433	0.282
时期 P 值		0.000	0.000	0.024	0.071	0.894
浓度 * 时期 P 值		0.000	0.000	0.072	0.170	0.561

注：同列不同字母表示在 0.05 水平上显著差异，下同。

表 3-23 多效唑喷施时期和浓度对小区亚麻产量的影响

浓度	时期	单株茎重（g）	原茎产量（kg）	种子产量（g）	表观倒伏率（%）
CK		1.09 ± 0.15ab	2.45 ± 0.20ab	243.67 ± 44.00bc	0.75 ± 0.00a
	苗期	0.79 ± 0.12d	1.78 ± 0.03c	272 ± 69.09abc	0.56 ± 0.27ab
50 mg/L	快速生长期	0.99 ± 0.1bcd	2.12 ± 0.40abc	244.33 ± 30.17bc	0.44 ± 0.20bc
	开花期	1.25 ± 0.14a	2.33 ± 0.26ab	250.67 ± 43.89abc	0.64 ± 0.13ab
	苗期	0.81 ± 0.14cd	1.98 ± 0.33bc	258.33 ± 48.58abc	0.16 ± 0.14de
100 mg/L	快速生长期	1.05 ± 0.23abc	2.23 ± 0.33abc	304.33 ± 48.60ab	0.14 ± 0.10de
	开花期	0.83 ± 0.09cd	2.58 ± 0.08a	313.33 ± 14.84ab	0.25 ± 0.00cde
	苗期	0.81 ± 0.07cd	2.00 ± 0.00bc	324 ± 12.12a	0.10 ± 0.04e
200 mg/L	快速生长期	1.08 ± 0.13ab	2.22 ± 0.15abc	265.67 ± 28.57abc	0.33 ± 0.00cd
	开花期	1.28 ± 0.04a	2.27 ± 0.49abc	214.67 ± 26.41c	0.67 ± 0.00a

续表

浓度	时期	单株茎重（g）	原茎产量（kg）	种子产量（g）	表观倒伏率（%）
CK	CK	1.09±0.15a	2.45±0.20a	243.67±44.00a	0.75±0.00a
50 mg/L		1.01±0.23a	2.08±0.28b	255.67±14.50a	0.64±0.13b
100 mg/L		0.89±0.13a	2.27±0.3ab	292±29.50a	0.19±0.17d
200 mg/L		1.06±0.24a	2.16±0.14ab	268.11±54.71a	0.37±0.25c
	CK	1.09±0.15a	2.45±0.20a	243.67±44.00a	0.75±0.00a
	苗期	0.80±0.01b	1.92±0.12b	284.78±34.65a	0.27±0.25c
	快速生长期	1.04±0.05a	2.19±0.06ab	271.44±30.41a	0.31±0.17c
	开花期	1.12±0.25a	2.39±0.17ab	259.56±49.93a	0.52±0.21b
浓度 P 值		0.107	0.324	0.274	0.003
时期 P 值		0.001	0.003	0.573	0.000
浓度 * 时期 P 值		0.003	0.008	0.442	0.000

表 3-24　亚麻表观倒伏率与农艺及产量性状的相关性分析

Pearson 相关性	株高（cm）	工艺长度（cm）	茎粗（mm）	分枝数（个）	蒴果数（个）	单株茎重（g）	原茎产量（kg）	种子产量（g）
表观倒伏率	0.594**	0.398*	0.161	0.077	0.13	0.513**	0.213	-0.366*

注：* 表示在 0.05 水平上显著相关，** 表示在 0.01 水平上显著相关。

（三）多效唑对亚麻抗倒伏的效果

作物的株高是影响作物倒伏的重要因素，亚麻也是如此，Gubbels（1976）的研究表明亚麻株高与倒伏呈显著正相关，适度降低株高是提高植株抗倒性的有效措施之一。本试验通过研究多效唑在不同时期不同浓度喷施后对亚麻株高等农艺性状的影响，发现多效唑处理的 3 个浓度均造成亚麻的株高显著降低，但 3 个喷施浓度对株高的影响差异均不显著。

工艺长度和单株茎重是影响亚麻纤维产量的主要构成因子（潘庭慧等，1996）。本研究中沅江的试验结果表明，苗期和快速生长期喷施多效唑显著降低了工艺长度，且苗期处理降低程度较大，另外苗期喷施多效唑也显著减小了单株茎重。喷施浓度处理间对工艺长度和单株茎重的影响差异均不显著。长沙的试验结果表明，苗期喷施处理对工艺长度和单株茎重的影响最严重，快速生长期次之，开花期最小。两地试验都表明苗期对亚麻工艺长度和单株茎重的降低最显著。相关性试验表明亚麻工艺长度与表观倒伏率呈显著正相关关系，与单株茎重呈极显著正相关关系。因此，综合工艺长度、单株茎重和表观倒伏率 3 个因素，在快速生长期喷施 100 mg/L 多效唑可使亚麻的表观倒伏率降到最低且对工艺长度和单株茎重的影响不明显，是较适宜的喷施时期和喷施浓度。

由于我国南方冬闲田的渍害严重，经常造成亚麻大面积倒伏，为了缩短生长时间以防止倒伏，目前在我国南方种植亚麻通常只收获原茎而不收获种子而导致种子浪费。本研究结果表明，亚麻种子产量与表观倒伏率呈极显著负相关。喷施多效唑对种子产量无显著的影响，这说明多效唑可以提高亚麻抗倒性而不影响种子产量，是比较理想的抗倒措施。

综上所述，亚麻的表观倒伏率与株高呈显著正相关，通过喷施多效唑可以降低株高达到减轻倒伏的目的，但不适当的喷施浓度和喷施时期会造成植株过矮，导致工艺长度和单株茎重过低从而影响亚麻的纤维产量。本研究通过不同时期喷施不同浓度的多效唑的试验表明在快速生长期喷施 100 mg/L 左右的多效唑可以在不影响产量的前期下降低亚麻的表观倒伏率（郭媛等，2015）。

二、物化结合法对亚麻倒伏的影响

倒伏是我国乃至全球亚麻种植业上的最大风险因素，是阻碍我国亚麻种植业发展的重要障碍。面对产业重大需求，2016—2021 年国家麻类产业技术体系亚麻生理与栽培团队针对亚麻茎秆强度、植株重心高度，对适当早播、钾肥壮秆、物理打顶、激素处理等手段多次设计抗倒伏试验。通过调控亚麻重心、茎秆强度，改良集成了亚麻抗倒伏栽培技术，其主要技术要点是：一是适当早播，增加苗期时间，有利于蹲苗、强壮植株；二是亚麻快速生长期前适当增施钾肥，有利于增强茎秆强度，提高抗倒伏能力；三是物理打顶：亚麻进入盛花期后，且 1～5 枚蒴果膨大至 4～6mm 时，对亚麻进行打顶处理，且打顶的次数仅为 1 次，打顶的长度为 7～9cm，打顶以去花、果为主，保留分枝；四是激素处理：包括苗期少量使用矮壮素等壮秆，花期使用 0.1% 乙烯利抑制开花从而抑制结果，此期间亚麻植株逐渐强壮而顶端重量没有较大增加，从而提升了亚麻抗倒伏能力。该技术在山东及黑龙江等地开展了亚麻抗倒伏栽培技术示范。在常规方式种植亚麻倒伏率61%～79% 的情况下，亚麻倒伏率降低至3%～8%，大幅降低了亚麻倒伏比例，产量也有较大提高。该技术的进一步熟化及机械化配套研发可为亚麻种植业提供强有力的技术保障。相关技术获得抗倒伏栽培技术专利 5 项，其中国家发明专利 3 项。

采用物理方法降低亚麻植株重心高度是比较有效的一种抗倒伏

方法。一般认为，植株高度与倒伏呈显著正相关，降低株高是防止倒伏最有效的措施之一。本孟桂元等（2012）试验结果表明，亚麻生育后期实施"打顶＋抑芽"、打顶、抑芽处理对麻株形态性状具有重要影响，"打顶＋抑芽"处理可明显降低株高（25.17%），增加茎粗（12.24%），减少分枝数、分枝长度、分枝鲜质量、蒴果数和蒴果鲜质量；打顶处理明显增加分枝长度（34.11%），减少蒴果数和蒴果鲜质量（29.76% 和 50.93%）；抑芽处理后除茎粗无明显变化外，其他形态性状都有不同程度的减少。相关分析表明，株高、分枝数、分枝长度、分枝鲜质量、蒴果数和蒴果鲜质量与倒伏均呈极显著正相关，而茎粗与倒伏呈极显著负相关，说明在亚麻栽培过程中提高茎秆粗度，降低株高，减少分枝数及蒴果数可提高亚麻的抗倒伏能力。

三、亚麻抗倒伏栽培技术

（一）选地、整地

选择湿润、保水保肥、排水良好、地表干净的平川地，不宜选择涝洼地。前茬以小麦、谷茬、玉米茬为好，多雨易倒伏地区尽量不要选择施肥较多或氮含量比较高的大豆、蔬菜及瓜茬。北方尽量秋整地，无论秋整地还是春整地，翻或旋耕后都要及时镇压，使土壤紧实。南方亚麻一般作为冬季作物与水稻轮作，水稻收获后技术及时旋耕灭茬或免耕种植。播种前要开好排灌水沟，包括整块地的围沟、箱沟以及中间的腰沟，做到沟沟相连，排灌通畅。

（二）选择抗倒伏品种

亚麻品种间的抗倒伏性差异很大，一般情况下品种的植株高度越高越容易倒伏。所以，阴雨天较多的亚麻产区应选择植株高度相

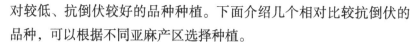

对较低、抗倒伏较好的品种种植。下面介绍几个相对比较抗倒伏的品种，可以根据不同亚麻产区选择种植。

1. 中亚麻 1 号

该品种由中国农业科学院麻类研究所育成，一般年份株高 90～100 cm，工艺长度 74～82 cm，分枝 4～5 个，蒴果 4～10 个。在湖南生育期 171～192 d，属于中早熟品种。长麻率为 19.0%，高于对照 1.6 个百分点。经过 2003—2005 年的两轮区域试验及一轮生产示范，其原茎产量为 7 961 kg/hm²，比对照品种阿里安增产 0.5%；纤维产量为 1 250 kg/hm²，比对照品种阿里安增产 14.9%；种子产量为 739 kg/hm²，比对照品种阿里安增产 18.2%。该品种茎秆直立，木质部发达，3 年区域试验及生产试验倒伏均为 1.5 级，各年度抗倒伏性都优于对照，抗倒伏能力较强。

2. 中亚麻 3 号

该品种由中国农业科学院麻类研究所育成，株高为 85.65 cm，工艺长度 68.45 cm，分枝数 2～3 个，单株蒴果数 7～8 个，茎粗 1.94 mm，千粒重 4.87 g，出麻率 30.29%，比天鑫 3 号高 0.35 个百分点。2011—2012 年在新疆亚麻多点试验，两年四点原茎产量 6 891 kg/hm²，居参试品种第一位，比天鑫 3 号增产 11.1%，纤维产量 1 735.8 kg/hm²，居第一位，比天鑫 3 号增产 17.30%，种子产量为 1 218.8 kg/hm²，比天鑫 3 号增产 3.2%。抗倒伏能力优于对照。

3. 中亚麻 5 号

该品种是中国农业科学院麻类研究所采用杂交方法育成（郝冬梅等，2017）。于 2020 年 1 月 21 日在农业农村部登记，登记编号：GPD 亚麻（胡麻）（2019）430015。

该品种在吉林省生长日数 70～72 d。平均株高 79.3 cm，工艺长度 66.4 cm；抗倒伏能力强。全麻率 31.1%，比对照高 2.15 个百分点；长麻率 19.35%，比对照高 1.7 个百分点。2012—2013 年在吉林省范家屯、乾安、龙井、前郭等地区域试验，2012—2015年在吉林省范家屯、乾安、前郭、龙井等地参加全省亚麻品种区域试验，对照品种为吉亚2号。4年平均原茎产量6 409 kg/hm²，比对照增产10.7%，长麻产量1 015.5 kg/hm²，比对照增产22.2%，长麻率19.0%，比对照高1.4个百分点，全麻率30.6%，比对照吉亚2号提高1.7个百分点，平均种子产量462.3 kg/hm²，比对照增产26.8%。结果表明该品种出麻率比较高，且产量相对高产稳定。4年试验中倒伏程度均为0级。

4. 华亚3号

该品种是黑龙江省农业科学院经济作物研究所和中国农业科学院麻研究所麻类作物栽培团队利用从波兰引进的种质资源材料Pekinense（编号原2005-12）采用系谱法选育而成（康庆华等，2 021 a），该品种于2018年8月30日在农业农村部登记，登记编号：GPD亚麻（胡麻）（2018）230023。该品种属于纤籽兼用类型，在黑龙江种植生育日数69～70 d，株高75.9 cm，工艺长度55 cm，分枝5～7个，蒴果20～25个，种皮黄色，种子千粒重5.2 g；花色紫红浓艳，极具观赏性。该品种在2016—2017年在黑龙江省区域试验中，每公顷种子产量1 505.5 kg，比对照品种黑亚14号增产15.6%；原茎产量5 138.6 kg，略低于对照品种黑亚14号；纤维产量1 271.9 kg，比对照品种黑亚14号增产14.7%。高抗立枯病、炭疽病，抗倒伏性能力强。

5. 华亚4号

该品种是黑龙江省农业科学院经济作物研究所和中国农业科学院麻类研究所联合育成（康庆华等，2 021 b）。该品种于2019年10月31日在农业农村部登记，登记编号：GPD亚麻（胡麻）（2019）230004。该品种在黑龙江省种植生育日数72～77 d，株高76.3～90 cm，工艺长度55～66.1 cm，分枝数5个，蒴果11个。茎秆直立，分枝上举，有弹性，抗倒伏能力强。经农业农村部植物新品种测试中心张家口分中心 2019 年和 2020 年 2 个生长周期测试，华亚 4 号全麻率 36.4%。2015—2016 年参加黑龙江省纤维亚麻组区域试验，原茎产量 7 800 kg/hm²，比对照品种 Diane 增产 10.87%；纤维产量达到 2 233.1 kg/hm²，增产极显著；种子产量 1 000 kg/hm²，略低于对照品种 Diane。

6. 华亚 5 号

该品种是黑龙江省农业科学院经济作物研究所采用多胚种子杂交后代单倍体加倍技术育成（康庆华等，2022）。于 2019 年在农业农村部登记，登记编号：GPD 亚麻（胡麻）（2019）230012。该品种在黑龙江种植生育日数 71～77 d，株高 83.3 cm，工艺长度 62.7 cm，分枝数 4.7 个，蒴果数 10.7 个。茎秆直立，有弹性，抗倒性强。该品种 2014—2016 年在黑龙江多点试验：每公顷原茎产量 5 910～6 900 kg；纤维产量达到 2 223.4 kg，增产极显著；种子产量 1 240 kg；原茎产量、纤维产量分别比对照品种 Diane 增产 7.8%、52%；全麻率 39.3%～43.9%。

（三）播种

播种期及播种密度对亚麻的倒伏有很大影响。张兴等（2014）结果表明：早播免耕不施肥处理抗倒伏效果最好，较轻级（0～4 级）倒伏率总和为 18.33%，最高级（5 级）倒伏率为零，原茎产量和种子产量为最高，依次分别达到 8 375.77 kg/hm² 和 804.46 kg/hm²，同时，试验总结出了亚麻抗倒伏、高产、高效栽培关键技术，为洞庭湖地区油纤兼用亚麻大面积种植提供了技术保证。Bourmaud A 等（2016）研究了品种 Aramis 的 4 种不同播种量（1 200 粒 /m²、1 500 粒 /m²、1 800 粒 /m² 和 2 500 粒 /m²）的试验。结果显示播种量对亚麻茎的形态有重要影响，播种量的增加导致亚麻茎变细和梳成麻

的长度变短。同时，随着播种量的增加梳成麻的产量增加（2 500 粒 /m²
的比 1 200 粒 /m² 的增加 11%）。但是，相反由于麻茎变细导致纤维的
强度和抗倒伏能力下降。这项工作表明，必须找到一个折中方案来优
化纤维产量、机械性能和植物的稳定性，试验可以看出 1 800 粒 /m²
左右是一个比较适宜的播种量。

上述试验可以看出，亚麻的播种期及播种密度对亚麻的倒伏都
具有影响。具体的播种量及播种期要根据不同亚麻产区的具体情况
确定。东北亚麻产区的播种期可以从正常的播种期 4 月下旬到 5 月
上旬提早到 4 月中下旬。西北亚麻产区的播种期可以从正常的播种
期 4 月中下旬到提前到 4 月上中旬。北方的易倒伏亚麻产区的播种
密度可以控制在 2 000 粒 /m² 以下，南方的易倒伏亚麻产区（如湖
南、浙江等）的播种密度可以控制在 1 500 粒 /m² 以下。

（四）施肥

氮是作物体内蛋白质、核酸和叶绿素的重要组成成分，能促进
作物的茎叶生长，提高产量（王忠，2009）。增施氮肥使营养器官生
长过旺，茎叶徒长，植株鲜重增加，加大茎秆的承重量，增加作物
倒伏风险。同时植株之间郁闭，影响光合生产效率，从而抑制生殖
生长。施氮量过少，植株茎秆细弱，茎秆抗折力小，经不起风雨，
易发生倒伏。过多的氮肥还会污染环境（青先国，2005），钾肥可以
增加压碎强度和皮层厚度，促进碳水化合物的合成和运输，减少茎
秆中非蛋白氮积累，使机械组织发达，增强茎秆强度提高抗倒伏能
力，减少茎秆的衰老和茎倒伏的百分比，钾肥还可减轻茎的腐烂和
破碎（Pinthus，1973）。作物吸收硅后形成硅化细胞，可提高植物细
胞壁强度，使株型挺拔茎叶直立，利于密植，提高叶面的光合作用，
有利于通风透光和有机物的积累（赵黎明等，2009）。亚热带亚麻
作物经常面临严重的倒伏问题，因为有中等强度以上的风，并在其

成熟期间偶尔降雨。为了解决这一问题，Dey 等（2022）在 2019—2020 年和 2020—2021 年在潘纳加尔连续两个年度进行了 3 种不同的播种量和 6 种不同的营养管理的试验。通过为期两年的研究发现，在不同的播种量处理中播种量 100 kg/hm² 时植株密度、株高、纤维产量和质量都最高。随着播种量的增加麻茎比较细、茎的鲜重增加、重心上移、纤维强度变差，播种量越高，倒伏越严重。不同的营养管理的试验发现亚热带湿润地区 90 kg/hm² 氮（N），30 kg/hm² 磷酸盐（P_2O_5）和 45 kg/hm² 钾（K）可以降低倒伏的风险，获得更好的产量。实验进一步表明，倒伏损伤直接影响纤维质量和长纤维在总纤维产量中的比例。硅素能提高植株叶绿素含量、延长生育期促进植物生长，由此硅肥改变了作物的群体结构，对作物的增产潜力造成很大的影响。硅化细胞的形成使作物表层细胞壁加厚，角质层增加，从而增强对病虫害的抵抗能力（田保明等，2005）。其他矿质元素 Ca、Mg 等也与茎秆抗倒伏性相关。北条良夫等（1983）认为，Ca、Mg 等被植物吸收后，通过其他生理作用有间接提高茎秆强度的作用。研究表明不倒伏品种茎中果胶物质及 Ca、Mg 等亲果胶物质含量均高于倒伏品种。有些微量元素（如硼、锰、锌）影响氧化还原过程的性能，促进茎秆机械组织发育，因而也能减少作物的倒伏。施肥不合理也易造成倒伏，重视 N、P 肥使用，忽视 K、B、Si 等微量肥料的使用，特别是单施氮磷肥会增加倒伏，而增施钾肥则减轻倒伏（田保明等，2006）。为了提高亚麻的抗倒伏性能，不同的亚麻产区可以根据当地的土壤肥力以及土壤中微量元素的含量，适当控制氮肥的施用或不施用氮肥；增施磷钾肥，补充钙、镁、硼、硅等元素。

（五）调控

植物生长调节剂是调控植物生长发育的重要技术手段（潘瑞炽，

1995），可对植物的性状进行"修饰"，如矮化植株、改变株型等，还可促进插枝生根、抑制器官脱落、控制性别和向性，对植物细胞的伸长和分裂起到调控作用，并可打破或促进休眠，调节气孔开闭，提高植物的抗逆性（王忠，2009）。多效唑是一种高效低毒的植物生长延缓剂，已在粮、棉、油、菜、花、桑等多种作物上得到应用，其促根、增蘖（枝）、防倒、增产作用显著（李智明，1993）。根据国家麻类产业技术体系亚麻生理与栽培岗位试验结果，在亚麻快速生长期喷施 100 mg/L 左右的多效唑可以在不影响产量的前期下降低亚麻的表观倒伏率。或者喷施 0.25% 的杀雄剂也会有一定的抗倒伏作用。或者在亚麻现蕾开花期采用物理方法控制亚麻植株高度，例如在亚麻现蕾开花期采用机械打顶的方法控制亚麻高度。在亚麻倒伏比较严重的地区，可以通过化学调控处理加机械打顶的物理方式结合的方法调控亚麻顶端、植株根系和茎秆强度，优化了亚麻抗倒伏能力。

第六节　亚麻高产栽培技术研究

作物的高产是我国作物栽培的第一目标，也是一个是永恒的主题。作物栽培是研究各种农作物生长发育、产量和品质形成的规律及与环境条件的关系，探讨农作物高产、优质、高效、低耗的生产理论，并采取相应的技术措施。农作物产量的形成除了与品种有关，与环境条件（光、温、水、气、肥等）也有密切的关系。为此，国家麻类产业技术体系对麻类作物产量的提高一直十分重视，国家麻类产业技术体系亚麻生理与栽培岗位对亚麻产量的提高也十分重视，针对我国南北方亚麻产区分别开展了亚麻品种、播期、密度、肥料、收获期等诸多因素开展高产栽培的相关研究，并取得很大进展，使我国亚麻单产跃居世界前列。主要试验研究成果如下。

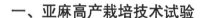

一、亚麻高产栽培技术试验

（一）南方亚麻高产栽培试验

2012 年在云南省大理白族自治州宾川县开展了亚麻高效栽培技术研究，采用 6 因素 5 水平正交试验，因素水平见表 3-25，试验设计见表 3-26，共 25 个处理 75 个小区，小区面积为 2 m×3 m=6 m²。供试磷钾肥在播种前统一做底肥使用，氮肥按照底肥∶追肥为 2∶1 的比例施用，抗旱剂在快速生长期前喷施。

表 3-25　试验中涉及的因素及相应水平设置

因素	1	2	3	4	5
A：品种	中亚 1 号	中亚 2 号	派克斯	5f069	双亚 7 号
B：密度（粒 /m²）	1 600	1 950	2 300	2 650	3 000
C：氮素（kg/hm²）	12	18	24	30	36
D：磷素（kg/hm²）	12	17	22	27	32
E：钾素（kg/hm²）	9	14	19	24	29
F：抗旱剂（mL/hm²）	150	225	300	375	450

表 3-26　L25（56）正交设计

处理	A：品种	B：密度	C：N 素	D：P 素	E：K 素	F：抗旱剂
1	1	1	1	1	1	1
2	1	2	2	2	2	2
3	1	3	3	3	3	3
4	1	4	4	4	4	4
5	1	5	5	5	5	5

处理	A：品种	B：密度	C：N 素	D：P 素	E：K 素	F：抗旱剂
6	2	1	2	3	4	5
7	2	2	3	4	5	1
8	2	3	4	5	1	2
9	2	4	5	1	2	3
10	2	5	1	2	3	4
11	3	1	3	5	2	4
12	3	2	4	1	3	5
13	3	3	5	2	4	1
14	3	4	1	3	5	2
15	3	5	2	4	1	3
16	4	1	4	2	5	3
17	4	2	5	3	1	4
18	4	3	1	4	2	5
19	4	4	2	5	3	1
20	4	5	3	1	4	2
21	5	1	5	4	3	2
22	5	2	1	5	4	3
23	5	3	2	1	5	4
24	5	4	3	2	1	5
25	5	5	4	3	2	1

　　试验的 25 组处理下亚麻原茎产量在 11 850～14 750 kg/hm²，第 19 组处理原茎产量达到最高 14 750 kg/hm²，高出均值 10.6%，第 2 组处理原茎产量最低 11 850 kg/hm²，但是各处理之间并无显著差

异（图 3-38）。从表 3-27 来看，6 个因素对亚麻原茎产量的影响表现为品种＞密度＞磷素＞氮素＞钾素＞抗旱剂，其最优组合为 $A_4B_4C_2D_5E_3F_1$。

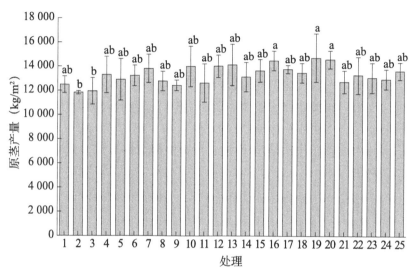

图 3-38　不同处理下亚麻原茎产量

表 3-27　各因素不同水平对原茎产量的直观分析结果

因素	k1	k2	k3	k4	k5	R	最优水平
A	7.69	7.97	8.11	8.69	7.64	1.05	4
B	7.85	7.87	7.93	8.1	8.35	0.5	5
C	8.03	7.96	7.86	8.26	7.99	0.4	4
D	8.04	7.89	7.87	8.02	8.28	0.41	5
E	7.81	8.04	8.19	7.96	8.09	0.38	3
F	8.16	7.95	7.86	8.11	8.01	0.3	1

　　试验第 22 组处理亚麻籽粒产量达到最高为 2 267 kg/hm²；第 11 组处理籽粒产量最低为 1 100 kg/hm²，处理之间呈显著性差异

（图 3-39）。从表 3-28 来看，6 个因素对亚麻籽粒产量的影响表现为品种＞密度＞氮素＞抗旱剂＞磷素＞钾素，其最优组合为 $A_5B_2C_1D_5E_4F_3$。

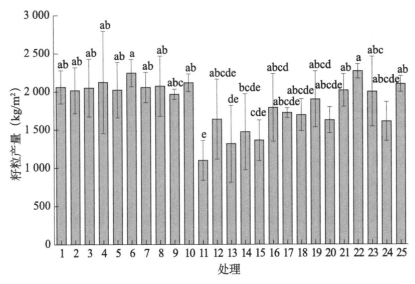

图 3-39　各处理亚麻籽粒产量结果

表 3-28　各因素不同水平对籽粒产量的直观分析结果

因素	k1	k2	k3	k4	k5	R	最优水平
A	1.33	1.28	0.75	1.09	1.11	0.58	1
B	1.14	1.29	1.11	1.09	1.06	0.23	2
C	1.12	1.09	1.07	1.21	1.08	0.14	4
D	1.09	1.08	1.12	1.13	1.14	0.06	5
E	1.08	1.13	1.1	1.13	1.12	0.05	2/4
F	1.12	1.11	1.14	1.12	1.07	0.07	3

本研究发现，氮磷钾肥的施用对促进亚麻籽粒产量的影响能力

表现为氮素＞磷素＞钾素，而对原茎产量的影响则表现为磷素＞氮素＞钾素。亚麻原茎产量随着密度增加而增长，但达到一定高度后产量会下降。施加抗旱剂对亚麻籽粒产量、株高、工艺长度、分枝数及蒴果数均有促进作用，但效果不显著，对亚麻原茎产量和茎粗基本无影响。抗旱剂与氮磷钾肥对亚麻原茎产量及籽粒产量的影响分别表现为磷素＞氮素＞钾素＞抗旱剂、氮素＞抗旱剂＞磷素＞钾素。从产量上看，不论是原茎产量还是籽粒产量，都与品种及种植密度相关性较大，其中密度对产量的影响在一定范围内不显著，两种产量分别在 1 950 粒 /m² 和 2 650 粒 /m² 的水平下达到最高；其次才是施肥量与抗旱剂，两种产量均是在低氮、高磷、高钾的水平下，且施加抗旱剂分别在 150 ml/hm²、300 ml/hm² 的条件下达到最高。

从经济产量方面看，原茎产量在使用亚麻品种 5 f069，播种密度为 2 300 粒 /m² 的条件下，亩施尿素 12 kg，过磷酸钙 27 kg，氯化钾 14 kg，抗旱剂 450 mL 时可达到最高。

（二）北方亚麻高产栽培试验

试验于 2022 年在黑龙江省孙吴县进行，NPK 采用 1∶2∶1 的比例，N 3 kg、P_2O_5 6 kg、K_2O 3 kg，具体用量见表 3-29 及表 3-30。试验采用随机区组，3 次重复，小区面积 10 m²，区长 5 m，宽 2 m，行距 20 cm，10 行区条播，试验材料是麻类研究所的华星 1 号，每平方米有效播种粒数 1 800 粒。组间道 1 m，区间道 1 m，试验区四周设 5 m 保护行，试验用地 2 亩。

表 3-29　各个施肥水平肥料用量

肥料	N	P_2O_5	K_2O
比例	1.00	2.00	1.00
每亩肥料（kg）	3.00	6.00	3.00

肥料	N	P_2O_5	K_2O
纯量（g/小区）	44.98	89.96	44.98
肥料养分含量	尿素 N 46%	过磷酸钙 P_2O_5 12%	氯化钾 K_2O 60%
0.5 水平肥料用量（g/小区）	48.9	374.8	37.5
1 水平肥料用量（g/小区）	97.8	749.6	75.0
1.5 水平肥料用量（g/小区）	146.7	1 124.4	112.4

表 3-30　各个处理肥料用量

序号	处理	尿素（46%）g	磷肥（16%）g	钾肥（60%）g
1	N0 P0 K0	0	0	0
2	N0 P2 K2	0.00	749.60	75.00
3	N1 P2 K2	48.90	749.60	75.00
4	N2 P0 K2	97.80	0.00	75.00
5	N2 P1 K2	97.80	374.80	75.00
6	N2 P2 K2	97.80	749.60	75.00
7	N2 P3 K2	97.80	1 124.40	75.00
8	N2 P2 K0	97.80	749.60	0.00
9	N2 P2 K1	97.80	749.60	37.50
10	N2 P2 K3	97.80	749.60	112.40
11	N3 P2 K2	146.70	749.60	75.00
12	N1 P1 K2	48.90	374.80	75.00
13	N1 P2 K1	48.90	749.60	37.50
14	N2 P1 K1	97.80	374.80	37.50
合计		1 075.80	8 245.60	824.90

试验于 5 月 18 日整地，5 月 19 日播。6 月 11 日第一次除草，每亩机械喷施 30% 辛酰溴苯腈乳油 100 mL 加 10.8% 高效盖草能 30 mL，6 月 28 日每亩机械喷施 10.8% 高效盖草能乳油 30 mL 加 56% 二甲四氯 50 g。7 月 10—11 日及 7 月 21—22 日各人工拔除大草 1 次。7 月 28 日收获，8 月 25—30 日脱粒。

各个处理小区的原茎产量、小区平均原茎产量以及原茎亩产量试验结果见表 3-31。

表 3-31　亚麻轻型环保包装用麻肥料配比试验产量结果

处理	第一重复小区茎重（kg）	第二重复小区茎重（kg）	第三重复小区茎重（kg）	小区平均（kg）	亩产原茎（kg）	增减产（%）
1	9.0	8.1	8.1	8.4	560.3	—
2	9.9	9.8	9.9	9.9	658.1	17.5
3	9.2	10.3	10.5	10.0	667.0	19.0
4	8.5	9.1	10.3	9.3	620.3	10.7
5	9.3	10.2	10.5	10.0	667.0	19.0
6	8.3	9.9	10.6	9.6	640.3	14.3
7	9.5	9.7	11.8	10.3	689.2	23.0
8	9.6	9.9	11.3	10.3	684.8	22.2
9	9.0	11.6	10.5	10.4	691.5	23.4
10	10.2	10.7	11.3	10.7	715.9	27.8
11	10.1	10.2	10.2	10.2	678.1	21.0
12	9.5	10.5	9.9	10.0	664.8	18.7
13	9.2	11.5	10.1	10.3	684.8	22.2
14	9.9	9.5	10.3	9.9	660.3	17.8

从产量结果看：各个施肥处理的产量都高于不施肥的处理，这说明施肥是有效果的。处理 10 的产量最高，亩产 715.9 kg，比处理 1 增产 27.7%，比处理 6 增产 11.8%，增产效果明显。说明使用优良品种，配合适宜比例的 N∶P∶K 肥料以及田间管理技术，亚麻原茎亩产量可以突破 700 kg。本试验的结果是 N∶P_2O_5∶K_2O 的比例是 1∶2∶1.5，具体使用量是 46% 的尿素 6.5 kg/ 亩，12% 的过磷酸钙 50 kg/ 亩，60% 的氯化钾 7.5 kg/ 亩。

二、亚麻高产栽培技术示范

2012—2013 年，在云南楚雄开展亚麻高产、优质栽培技术示范，品种播种采用中亚麻 2 号和中亚麻 3 号。根据 2011—2012 年最佳栽培模式的施肥量施肥，具体用量是亩施尿素 30 kg、过磷酸钙 32 kg、氯化钾 24 kg，示范面积 18 亩。取样测产结果见表 3-32。示范最高产量达到 840 kg/ 亩，平均 778 kg/ 亩。相对当地近几年平均水平 650 kg/ 亩增产 19.7%。

表 3-32　2013 年亚麻高产技术示范结果

取样点	品种	株高（cm）	工艺长度（cm）	原茎产量（kg/ 亩）
1	中亚麻 3 号	97	83	840
2	中亚麻 3 号	97	80	780
3	中亚麻 2 号	93	75	756
4	中亚麻 2 号	92	77	736
	平均	95	79	778

2014—2015 年，在云南大理开展亚麻高产、优质栽培技术示范，根据2011—2013年试验示范结果，对亚麻高产栽培技术进行了总结，具体的高产栽培技术措施如下。

1. 选用良种

选用具有高产、优质、多抗、广适等特性的中亚麻 3 号等新品种。播种前晒种 2 d，并用种子重量 0.3% 的多菌灵拌种。

2. 适时播种

大理州秋播亚麻在 10 月内播种为宜，年度高产示范区于 10 月 16 日播种。

3. 合理密植

每亩播种 9～10 kg，每平方米保苗 1 300～1 800 株，每亩保苗 85 万～120 万株。

4. 科学施肥

每亩施尿素 32 kg，普钙 36 kg、硫酸钾 22 kg、硼 2 kg、锌 2 kg，采取"重施底肥和中层肥、足施枞形肥和蕾肥、巧施微肥"的技术。磷、钾肥和微肥总量和尿素总用量的 50% 均匀混合，结合理墒集中施于 5～10 cm 耕层作中层肥；在枞形期追施尿素总用量的 30%、快速生长期追施 20%。

5. 肥水管理

秋播亚麻生长期正值云南冬春干旱少雨季节，根据土壤墒情和亚麻生长状况，于播种后两天内、枞形期、快速生长期、开花期酌情辅以人工灌溉，保持相对含水量在 65%～75%，在枞形期和快速生长期及时追肥，施肥与灌水相结合。

6. 及时除草

亩施 56% 二甲四氯钠盐 75 g+5% 精喹禾灵乳油 45 mL 除草剂配方，于麻苗高 10～15 cm、禾本科杂草 3～5 叶、阔叶杂草 2～4 叶期，杂草基本出齐时及时兑水喷雾防除杂草。

7. 适时收获

当亚麻处于黄熟期时，全田有 1/3 的蒴果呈黄褐色，1/3 的麻茎呈浅黄色，麻茎下部 1/3 的叶片脱落即达工艺成熟期，是收获的最佳时期。

2014—2015 年度按照上述栽培技术措施，选用中亚麻 3 号在云南省宾川县金牛镇仁和村委会莱官营村高产栽培示范基地进行了亚麻高产栽培技术示范，示范面积 15 亩。经国家麻类产业体系组织专家组田间现场检测，原茎亩产达到 927.52 kg，超过较本区域"十一五"期间同类示范样板平均单产（582.6 kg）增产 15% 的目标。

2022 年开展亚麻高产、优质栽培示范，由中国农业科学院麻类研究所提供的亚麻品种 3 份，即中亚麻 2 号 4 亩，中亚麻 4 号 3 亩，华星 1 号 3 亩，共计 10 亩。

按照当地管理方式种植，采用机械播种，每亩播种量 8 kg，施氮磷钾复合肥 20 kg。6 月 11 日第 1 次除草，每亩机械喷施 30% 辛酰溴苯腈乳油 100 mL 加 10.8% 高效盖草能 30 mL。6 月 28 日第 2 次每亩地喷施 10.8% 高效盖草能乳油 30 mL 加 56% 二甲四氯粉剂 50 g，工艺成熟期收获。每个品种取 3 个点测产，每个点 10 m²。原茎取样测产和相关农艺性状结果见表 3-33 和表 3-34。

表 3-33　亚麻高效生产技术示范原茎测产结果

名称	取样点 1（kg）	取样点 2（kg）	取样点 3（kg）	取样点平均重量（kg）	原茎产量（kg/亩）
中亚麻 2 号	10.5	9.3	9.0	9.6	640.3
中亚麻 4 号	9.6	10.1	10.3	10.0	667.0
华星 1 号	10.2	9.8	10.3	10.1	673.7

表 3-34　亚麻高效生产技术示范农艺性状

品种	生育日数（d）	倒伏（级）	株高（cm）	工艺长度（cm）	分支（个）	蒴果（个）
1	76	2	106.4	90.7	4	6

品种	生育日数 （d）	倒伏 （级）	株高 （cm）	工艺长度 （cm）	分支 （个）	蒴果 （个）
2	76	2	105.8	90.3	4	5
3	78	2	110.6	96.8	5	7

从上述结果看，示范效果良好，亚麻植株的株高及生育期适中，亩产原茎均达到 600 kg 以上，超过了当地的一般原茎亩产量（550 kg）10% 以上，原茎亩产最高的华星 1 号的示范区的产量673.7 kg，超过当地生产水平（550 kg）22.5%。说明采取的农艺措施得当，品种具有良好的增产潜力，使用的栽培技术及品种具有很好的推广应用前景。

第七节　亚麻重金属污染耕地修复技术研究

随着社会的不断进步和工业的发展，越来越多的污染物，如采矿、钢铁冶炼和电镀等过程中的重金属，进入大气、水和土壤环境中，不仅对生态环境造成了破坏，也直接或者间接对人类的健康产生巨大威胁。为治理土壤重金属污染，不同的修复措施百花齐放。其中，植物修复是土壤重金属污染治理中最常用的一种方式，其成本低，效果好，但是耗时较长，尤其是目前研究中常用的重金属修复植物虽然富集效果好，但是一般生物量较小，使植物修复效率低的缺点更加明显。因此寻找重金属富集能力强、生物量大的新型作物用于土壤重金属修复具有深远意义。亚麻一年生草本植物，具有生长速度快、生物量大、抗逆性好的特点，在大面积的重金属污染农田修复中具有广阔的应用前景。

在麻类作物中红麻和亚麻均为土壤重金属修复的理想植物，并且亚麻可以连根一起收获，有效避免了吸收的重金属在土壤中的残留。利用亚麻和红麻对重金属元素的高富集作用，将重金属转移到麻类植物体内，再将麻的地上部分移除，根据麻的用途将麻的地上移除部分加以开发利用，结合麻类植物产业化的需求，合理处理麻的地上移除部分，这样既可以通过植物移除的模式达到减少土壤中镉含量的目的，又可以充分发挥麻类植物的经济效益。本团队近几年筛选出了一批重金属吸收能力比较强的品种，建立了多套利用亚麻等作物的重金属污染农田植物修复技术体系。利用植物修复技术体系，可以对重金属污染农田进行有效的修复，并可达到高效修复重金属污染土壤的目的。并且，利用麻类作物对重金属污染农田进行修复可以边利用边修复，是农产品安全生产及农业可持续发展的重要保障。

针对重金属污染土壤造成的环境问题和食品安全等问题，进行亚麻和红麻轮作修复重金属污染土壤的试验。在一般的土壤重金属植物修复领域实践中，富集重金属的作物秸秆通常通过焚烧掩埋的方法进行处理，这种做法并不能将重金属从土壤中完全带走，且无可持续性，有违绿色环保持续修复的理念。亚麻和红麻等韧皮纤维作物具有栽培适应性广泛的特点，属于多用途、多功能的作物，可同时为传统和创新型的工业产业提供纤维类生物质原材料。并可间接促进麻类作物种植产业、加工产业、建筑材料产业、生物纤维板材料产业和相关环保产业的发展。由于亚麻和红麻纤维属于可再生的原材料，为整个产业经济的发展提供了持续动力。通过亚麻和红麻轮作替代种植，对土壤重金属污染的边修复边利用，开发多元化工业用生物原料，提高农民经济收入，为农业到工业的产业链创新提供新途径。

一、耐镉亚麻品种的筛选

（一）亚麻耐镉品种芽期筛选试验

亚麻是一种适应性非常强的作物，并且在南方可以冬季种植，与水稻轮作，是一种比较理想的重金属污染耕地边利用边修复的作物。亚麻品种间对镉的吸收能力不同，因此，2016 年开展了耐镉亚麻品种的筛选。

通过镉胁迫发芽试验对来自 36 个国家的 412 份亚麻种质在萌发期进行耐镉鉴定，筛选适合南方重金属污染地区种植的亚麻品种或品系。选取籽粒饱满、大小均匀一致的种子，置于直径 9 cm 内铺 2 层滤纸的培养皿中，每皿均匀摆放 50 粒种子，分别加入 15 mL 处理液或对照液，处理液为 800 μm 的 $CdCl_2$，对照液为蒸馏水，每个品种的处理和对照各 3 次重复，然后置于 24 ℃ 恒温培养箱光照和黑暗交替（光照 14 h，黑暗 10 h）条件下发芽 7 d 数据统计按照以下公式进行

发芽势（%）= 第 3 天的发芽种子总数 / 供试种子数 ×100

相对发芽势（%）= 各个处理的发芽势 / 对照的发芽势 ×100

发芽率（%）= 第 7 天的发芽种子数 / 供试种子总数 ×100

相对发芽率（%）= 各个处理的发芽率 / 对照的发芽率 ×100

相对芽长（%）= 处理的芽长 / 对照的芽长 ×100

镉胁迫下，亚麻种子发芽势为 1.33%～100%，平均为 71.50%，较对照平均值下降 19.28%；发芽率为 14%～100%，平均为 93.11%，较对照平均值下降 3.17%；芽长为 0.40～3.30 cm，平均为 1.72 cm，较对照平均值下降 82.19%（表 3-35）。可见，镉胁迫对亚麻种子萌发的抑制作用在所有检测指标中都有表现，且抑制程度有差异。

其中，镉胁迫对芽长的抑制作用最大，处理均值仅占对照均值的17.03%。发芽率受抑制作用最小，仅较对照下降3.17%。此外，与对照相比，镉处理所有检测指标的变异系数均有不同程度增加，其中发芽势和发芽率的增加程度较大，分别是对照的4.24倍和3倍；芽长的变异系数变化较小，是对照的1.54倍。说明不同亚麻品种在镉胁迫下生理指标的差异更明显。

表 3-35   亚麻种子萌发期镉胁迫处理各指标的比较

指标		发芽势（%）	发芽率（%）	芽长（cm）
对照	最大值	100.00	100.00	13.50
	最小值	54.00	80.70	4.80
	均值	88.57	96.16	9.66
	标准差	7.17	3.31	1.88
	变异系数	8.10	3.44	19.46
处理	最大值	100.00	100.00	3.30
	最小值	1.33	14.00	0.40
	均值	71.50	93.11	1.72
	标准差	24.53	9.62	0.52
	变异系数	34.31	10.33	29.91
处理较对照	均值	-17.07	-3.05	-7.94
的变化	变异系数	+26.21	+6.88	+10.45

根据亚麻种子萌发的相对发芽势、相对发芽率和相对芽长 3 项指标进行评估，综合隶属函数平均值，获得 412 份不同遗传背景的亚麻种质的耐镉性差异。由图 3-40 可见，大部分品种的隶属值位于 0.6～0.7 和 0.7～0.8，分别占所有品种的 41.7% 和 26.5%，隶属值

0.8 以上和 0.4 以下的品种均较少，分别占所有品种的 3.6% 和 4.9%。

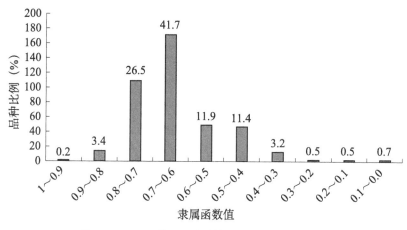

图 3-40 412 份亚麻种质的平均隶属函数值分布

根据隶属函数值将 412 份品种分为 5 个耐性级别，亚麻不同品种对镉的吸收能力不同。发现了 15 份（表 3-35）I 级强耐镉亚麻品种（郭媛等，2015）。

表 3-36 15 份 I 级强耐镉亚麻品种

品种	来源	所测指标的隶属值			平均隶属值（Xi）	排序
		相对发芽势	相对发芽率	相对芽长		
Y2I330	中国	0.87	0.93	1.00	0.93	1
晋亚 7 号	中国	0.85	0.89	0.90	0.88	2
F2011103	立陶宛	0.78	0.88	0.94	0.87	3
轮选 1 号	中国	0.87	0.88	0.76	0.84	4
Y4S142-1-35	中国	0.85	0.89	0.78	0.84	5
F2011104	立陶宛	0.82	0.88	0.81	0.84	6

续表

品种	来源	所测指标的隶属值			平均隶属值（Xi）	排序
		相对发芽势	相对发芽率	相对芽长		
晋亚 9 号	中国	0.85	0.94	0.71	0.83	7
F2011059	立陶宛	0.78	0.87	0.85	0.83	8
宁亚 17 号	中国	0.81	0.88	0.79	0.83	9
Z032	立陶宛	0.82	0.88	0.78	0.83	10
90050-6-6-2	中国	0.84	0.86	0.77	0.82	11
Y2I329	中国	0.75	0.88	0.85	0.82	12
Y2I328	中国	0.80	0.86	0.81	0.82	13
F2011108	立陶宛	0.78	0.88	0.78	0.81	14
Y2I326	中国	0.86	0.90	0.66	0.80	15

（二）高富集镉亚麻品种的田间筛选试验

2016 年，在湖南省株洲县花园村镉污染农田，进行了 18 个亚麻品种比较试验，每个品种 3 次重复。试验田的镉平均含量为 1.071 mg/kg，根据土壤污染指数计算方法和划分标准，结合湖南省土壤重金属含量背景值 0.126，确定该农田属于重度 Cd 污染农田。成熟期随机在小区内取 20 株测试了这 18 个品种根部、木质部、韧皮部和蒴果中的镉含量以及每个小区亚麻植株根际土壤的镉含量，统计了 18 个品种植株不同部位对重金属镉的富集系数以及地上部植株各部位对镉的转运能力。结果表明，18 个品种均为韧皮部对镉的富集能力最强，根部和木质部次之，蒴果对镉富集能力最弱。Y2I326 的木质部和韧皮部对镉的转运能力均最强。18 个品种中，Y2I329 植株各部位对镉的富集能力均较强，且田间表现抗倒伏，可以作为重金属污染土壤的植物修复材料进行大面积推广示范（图3-41、图3-42）。

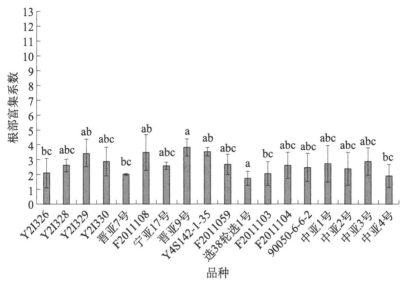

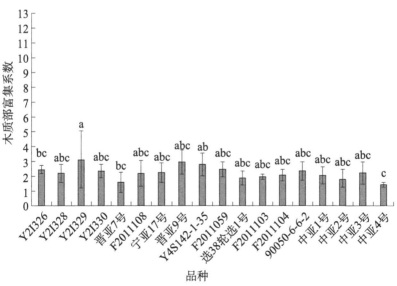

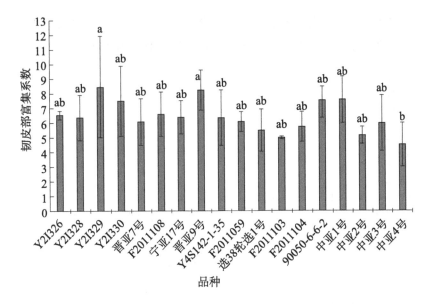

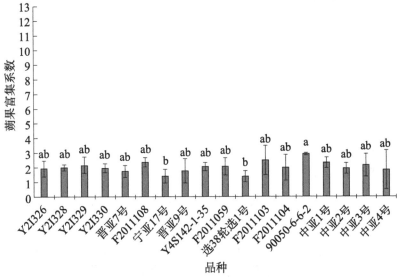

图 3-41　不同亚麻品种各个部位对镉的富集系数

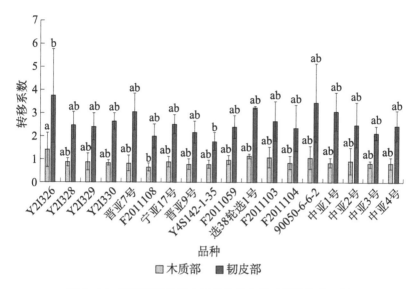

图 3-42　不同亚麻品种木质部和韧皮部对镉的转移系数

二、重金属镉在亚麻植株体内的分布

一般情况下重金属镉在亚麻植株体内积累浓度的纵向分布表现为根＞茎＞蒴果＞种子，横向分布表现为韧皮部大于木质部。

2015 年 11 月 10 日，在 pH 值为 5.2，镉含量为 0.9 mg/kg 的水稻土中种植了 18 个亚麻品种，其中，包括 9 个纤维用亚麻、1 个兼用亚麻和 8 个油用亚麻，小区面积 6 m²，3 次重复。2016 年 5 月中旬收获时，每个试验区取样 10 株亚麻植株，分别测定各个小区的样品中镉的含量。18 个亚麻品种的根、木质部、韧皮部和蒴果的镉含量分别为 2.69～4.85 mg/kg、2.49～3.88 mg/kg、6.80～11.59 mg/kg、2.14～3.68 mg/kg，平均浓度分别为 3.62 mg/kg、3.06 mg/kg、8.72 mg/kg 和 2.69 mg/kg。亚麻 4 个器官中 Cd 的平均积累量表现为韧皮部＞根＞木质部＞蒴果（Guo Yuan et al.，2020，图 3-43）。

蒴果2.14～3.68mg/kg

韧皮部6.80～11.59mg/kg

木质部2.49～3.88mg/kg

根部2.69～4.85mg/kg

图 3-43　亚麻不同部位镉的含量

在 3 种镉含量（0.14 mg/kg、17.4 mg/kg、51.5 mg/kg）的不同土壤中开展盆栽试验，种植中亚麻 1 号，种植密度 2 000 粒 /m²，常规生长管理，快速生长期前期分别检测细胞壁、叶绿体、线粒体、核糖体中的重金属镉含量（表 3-37）。对比 3 组土壤镉浓度试验，随着土壤镉浓度的提高，亚麻吸收的镉也随之增加，就植物部位而言，镉含量的从高到低排序为根＞叶＞茎；就植物的根而言，镉含量从高到低的排序大致为细胞壁＞核糖体＞线粒体＞叶绿体；就叶而言，镉从高到低排序大致遵循核糖体≥细胞壁＞线粒体＞叶绿体；就茎而言，规律不显著。

表 3-37　镉在不同土壤环境生长亚麻中的亚细胞分布　单位：mg/kg

	细胞壁	叶绿体	线粒体	核糖体
叶 A	0.1	0.04	0.08	0.1
茎 A	0.06	0.02	0.02	0.12
根 A	0.46	0.22	0.3	0.24

续表

	细胞壁	叶绿体	线粒体	核糖体
叶 B	1.04	0.34	0.28	1.04
茎 B	0.28	0.22	0.16	0.38
根 B	34.8	1.52	2.88	8.66
叶 C	2.32	0.44	0.68	3.34
茎 C	1.46	0.28	0.58	1.12
根 C	63.6	4.8	7.94	27.2

与对照相比,在器官水平上,亚麻的根、叶、茎中 Cd 质量分数依次降低;在亚细胞水平上,Cd 更多地分布在细胞壁和核糖体上,且显著高于细胞核与叶绿体、线粒体上 Cd 的分布。可见,40 mg/kg、80 mg/kg 的 Cd 处理会抑制亚麻的生长和生物量的积累,而亚麻对 Cd 的耐受性可能是根部对 Cd 向上运输的限制及细胞壁和液泡对 Cd 的隔离所致(赵信林等,2022)。

三、亚麻对镉污染土壤中菌群的影响

2017 年,在湖南省湘潭市河口镇及株洲市进行了冬闲田亚麻种植污染土壤植物修复试验,分别进行了亚麻—红麻免耕轮作、亚麻—水稻轮作和亚麻—水稻轮作免耕 3 种种植方式的田间对比试验。分别在亚麻苗期、快速生长期、收获期、红麻生长期和水稻生长期取其根部土壤样品进行菌落提取,分析 3 种种植方式下镉污染土壤中的菌群结构组成和变化(表3-38)。对亚麻不同生长发育时期根系土壤和对应的冬闲田土壤微生物进行了 16 S rRNA 测序,分析结果表明,亚麻收获期根部土壤的微生物群落多样性指数最高,说明冬闲田中种植亚麻可以提高和丰富镉污染土壤的菌群多样性。

表 3-38　亚麻不同时期根系土壤菌落多样性

亚麻不同时期根系土壤样品和相应对照	物种数目指数	shannon指数	菌落多样性指数
亚麻苗期	2 646 ± 272.23	10.29 ± 0.28	4 409.16 ± 508.65
亚麻苗期冬闲田对照	2 081.67 ± 260.4	9.6 ± 0.34	3 333.14 ± 476.5
亚麻快速生长期	2 638 ± 100.64	10.36 ± 0.13	4 172.58 ± 24.95
亚麻快速生长期冬闲田对照	2 527 ± 187.93	10.14 ± 0.18	4 283.97 ± 410.85
亚麻成熟期	2 226.67 ± 203.92	9.82 ± 0.25	3 576.43 ± 393.53
亚麻成熟期冬闲田对照	2 406 ± 113.24	10.11 ± 0.08	3 703.14 ± 458.52
亚麻收获期	2 672 ± 55.56	10.26 ± 0.15	4 463.64 ± 172.34
亚麻收获期冬闲田对照	2 657.67 ± 152.43	10.36 ± 0.16	4 194.3 ± 255.11
接茬水稻苗期	2 575.33 ± 428.67	10.27 ± 0.35	4 233.34 ± 862.35

四、不同调控剂对亚麻吸收镉能力影响的研究

（一）螯合剂对亚麻吸收镉能力的影响

2016 年，开展了可降解型螯合剂 GLDA 和 NTa-3Na 和普通型螯合剂 EDTA-2Na 和 DTPA-5Na 对亚麻植株吸收重金属镉效率的影响盆栽试验，所用盆栽土为湖南省株洲县花园村的重度镉污染农田土，平均镉含量为 0.9 mg/kg。结果显示，可降解型螯合剂对于亚麻吸附镉能力的促进作用没有普通型螯合剂强，但 NTa-3Na 与对照相比提高了亚麻茎秆吸附镉的能力（图 3-44）。

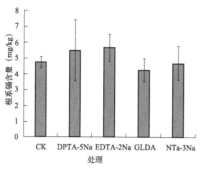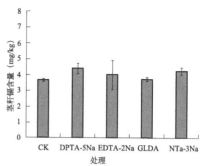

图 3-44　不同处理亚麻根系和茎秆 Cd 含量

（二）有机酸对亚麻吸收镉能力的影响

2018 年，在湖南省醴陵市进行了有机酸对重金属污染耕地种植亚麻的 Cd 含量影响的试验，土壤中的镉含量为 0.282 ～ 0.490 mg/kg。有机酸处理试验结果见表 3-39，从试验结果可以看出，有机酸处理对亚麻的 Cd 吸收具有一定的促进作用。其中，草酸浓度为 9 mol/L 和草酸 + 柠檬酸 3 mol/L 时亚麻植株的镉含量分别为 1.47 mg/kg 和 1.50 mg/kg，分别比对照高 11.5% 和 14.0%。从富集能力来看草酸 + 柠檬酸的效果较好，3 种浓度的富集系数分别为 6.04、5.28、5.97，分别比对照高 25.05%、9.32%、23.60%。

表 3-39　有机酸处理试验结果

处理及浓度		各小区及平均 Cd 含量（mg/kg）					Cd 富集能力	
有机酸	摩尔浓度	I	II	III	平均含量	与对照（%）	富集系数	与对照
柠檬酸	3	1.50	1.10	1.28	1.29	98.0	5.27	109.11
柠檬酸	6	1.39	1.15	1.25	1.26	95.7	4.19	86.75
柠檬酸	9	1.45	0.955	1.25	1.22	92.3	4.62	95.65

处理及浓度		各小区及平均 Cd 含量（mg/kg）					Cd 富集能力	
有机酸	摩尔浓度	I	II	III	平均含量	与对照（%）	富集系数	与对照
草酸	3	1.39	1.24	1.40	1.34	101.7	5.14	106.42
草酸	6	1.54	1.22	0.797	1.19	90.0	4.51	93.37
草酸	9	1.31	1.36	1.74	1.47	111.5	5.83	120.70
草酸 +柠檬酸	3	1.36	1.50	1.65	1.50	114.0	6.04	125.05
草酸 +柠檬酸	6	1.32	1.41	1.16	1.30	98.2	5.28	109.32
草酸 +柠檬酸	9	1.37	1.52	1.21	1.37	103.6	5.97	123.60
清水（CK）	0	1.14	1.38	1.44	1.32	100.0	4.83	100.00

（三）根际促生菌对亚麻吸收镉能力的影响

根际促生菌（Plant Growth Promoting Rhizobasteria, PGPR）是指一类能够通过分泌有益物质从而直接或间接促进植物生长的细菌。本试验采用施菌、产菌、C5-3（恶臭假单胞菌）和 Gy16（枯草芽孢杆菌）等 4 种根际促生菌，均由中国科学院生态环境研究中心提供。盆栽土壤取自湖南省浏阳市铁山村废弃矿周农田土壤。对该土壤进行了重金属 Cd 和类重金属 As 的检测，显示 Cd 含量为 6.34 mg/kg，其中，有效态 Cd 含量为 4.64 mg/kg，As 含量为 462 mg/kg。根据 2018 年发布的《土壤环境质量　农用地土壤污染风险管控标准（试行）》（GB 15618—2018），确定该土壤属于重度 Cd 和 As 复合污染农田。

在盆栽播种亚麻前，将这 4 种根际促生菌菌剂混合到盆栽的浅表层土壤中，每个盆栽 65 kg 土，另外添加 2 L 自来水。菌剂处理 3 d 后进行亚麻播种，每盆播种 150 粒中亚 1 号亚麻种子。4 种菌剂处理和对照各设置 4 次重复。待亚麻长至约 10 cm 时再次进行菌剂处理。

1.不同菌剂对亚麻植株的影响

结果显示（图 3-45），除产菌外，其他 3 种根际促生菌均使亚麻的株高增加；产菌和 GY16 使亚麻根长增加。4 种菌对亚麻的茎粗没有显著影响。

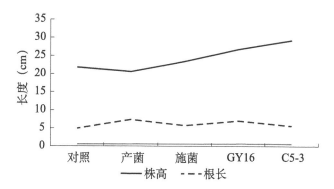

图3-45　4 种根际促生菌对亚麻植株株高、根长和茎粗的影响

2.不同菌剂对亚麻的重金属富集量的影响

根际促生菌处理下，施菌对亚麻富集 Cd 有促进作用，与对照相比根系 Cd 含量增加了 3.6 mg/kg；GY16 抑制了根部 Cd 吸收，与对照相比根系 Cd 含量降低了 5.38 mg/kg。4 种菌剂处理后亚麻根部 Cd 含量均高于茎部，使用施菌剂可以促进 Cd 在亚麻根系中的积累（图 3-46）。

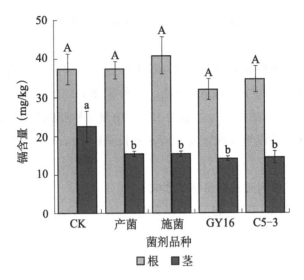

图 3-46　根际促生菌对亚麻吸附土壤 Cd 的影响

3. 不同菌剂处理下亚麻植株地上部和地下部 Cd 的富集能力与转运特征

由表 3-40 可知，在对照和施菌、产菌、GY16 和 C5-3 等 4 种菌剂的处理下，除 GY16 地上部干重与对照无显著差异外，其他处理地上部干重与对照有显著差异，根部干重各处理与对照无显著差异。地上部的干重是地下部的 2.74～5.87 倍。4 种菌剂处理下的亚麻地上部 Cd 富集量显著低于对照（22.48 mg），比对照组富集量低 6.93～8.35 mg，且各个处理间无显著差异；亚麻地下部 Cd 富集量与对照无显著差异，施菌菌剂处理的地下部 Cd 富集量最高（40.93 mg）。4 种菌剂处理下，地上部重金属 Cd 富集系数均显著低于对照（3.64），富集系数均在 2.2 以上。在施菌菌剂处理下，亚麻根部 Cd 富集量最大（40.93 mg），平均比对照多富集 3.60 mg。4 种菌剂处理下的转移系数均低于对照，并且 GY16＞C5-34＞产菌＞施菌。

表 3-40 供试亚麻对重金属 Cd 的富集和转移特征

菌剂	干重（g）		Cd 富集量（mg）		富集系数		转移系数
	地上部	根	地上部	根	地上部	根	地上部
对照	1.05±0.36b	0.22±0.093ab	22.48±397a	37.33±3.95a	3.54±0.627a	5.89±0.62a	0.640±0.152 3a
产菌	0.85±0.17a	0.31±0.070ab	15.48±0.59b	37.05±2.23a	2.44±0.092b	5.84±0.35a	0.421±0.023 9a
施菌	0.87±0.15a	0.19±0.015b	15.55±0.42b	40.93±2.69a	2.45±0.066b	6.46±0.75a	0.397±0.049 1a
CY16	2.29±0.23b	0.39±0.019a	14.13±0.28b	31.95±2.69a	2.23±0.044b	5.04±0.42a	0.450±0.033 6a
C5-3	1.31±0.22a	0.24±0.027ab	14.53±136b	34.60±3.5la	2.29±0.214b	5.46±0.55a	0.423±0.019 9a

注：同列不同小写字母表示品种间差异显著（$P<0.05$）。

本研究结果显示，根际促生菌 GY16 可以促进重度 Cd 污染土壤中地上部和根的干物质积累，说明根际促生菌的加入可提高亚麻在 Cd 污染农田种植的生物产量，从而提高其对土壤的修复效率。本研究中，4 种根际促生菌处理均能促进亚麻根的生长，其中施菌的效果最显著，并且施菌处理在 4 种菌剂处理中有更大的生物量。亚麻根系是重金属吸附的主要器官，且亚麻收获时一般为带根收获，所以将施菌应用于亚麻修复土壤的生产实践中可以提高其修复效率。4 种菌剂处理下重金属 Cd 富集系数均无显著差异，地上部的富集系数均在 2.2 以上，地下部分的富集系数均在 5 以上，4 种菌剂处理的地上部转移系数均低于对照。综上所述，在植物修复工程应用中，亚麻联合施菌的方法对土壤重金属 Cd 的转移能力最佳。

本研究通过 GY16 菌剂处理发现，亚麻植株株高、株数、茎粗、干重、植株鲜重等生物学指标均有不同程度的提高。施菌菌剂的加入使 Cd 在亚麻根系的富集和转运能力良好，因此在实际生产中，可以将施菌菌剂应用于亚麻根部，促进其对重金属 Cd 的修复效率。在未来大田植物修复生产实践中，应选择重金属抗性较强的亚麻品种，同时加强修复植物根系微生物的研究，从而提高重金属污染农田的人为植物修复效率（王元昌等，2021）。

五、重金属污染农田修复

2017 年，在湖南省湘潭市河口镇进行了冬闲田亚麻种植污染土壤植物修复试验，所用品种为 2016 年品种比较试验选出的镉吸附能力较强的品种中亚麻 1 号。湘潭试验田的土壤总镉含量为含量 0.390～0.490 mg/kg，平均 Cd 含量 0.439 mg/kg。植株密度为 977±239 株 /m²，收获期亚麻原茎产量达到了 539±67.7 kg/ 亩。通过镉含量测定，亚麻根部平均镉含量为 6.880 mg/kg，富集系数达到了 15.7。茎秆平均镉含量为 5.10 mg/kg，富集系数达到了 11.6，说明亚麻植株对镉的吸附效率已经达到了超富集植物的标准。经测算，每亩亚麻可以从土壤中吸附 2.75 g 的重金属镉。

在前期试验的基础上，2018 年在湘潭县河口镇进行了亚麻—红麻免耕轮作、亚麻—水稻轮作和亚麻—水稻轮作免耕 3 种种植方式示范。每种种植方式设置 5 个重复，在每个重复田块设置 0.25 m² 的测试区，苗期检测出苗数，快速生长期检测株数，收获期检测鲜茎重、干茎重和植株中的镉含量（图 3-47、图 3-48）。

经统计分析，3 种方式下亚麻的亩产每平方米株数和亩产鲜茎重均没有显著性差异，说明免耕和红麻—亚麻轮作、水稻—亚麻轮作对亚麻的生长和产量均没有显著的影响（表 3-41）。

表 3-41　3 种种植方式下亚麻每平方米株数和亩产鲜茎重

种植方式	单位面积株数（株 /m²）	亩产鲜茎重（kg）	亩产干茎重（kg）
亚麻—红麻轮作免耕	2 264	1 390	526.1
亚麻—水稻轮作	1 907	1 523	539.3
亚麻—水稻轮作免耕	2 110	1 372	445.1

经检测，试验田块的土壤 Cd 含量在 0.402～0.576 mg/kg。亚麻收获后测试其植株根部、茎秆和蒴果的镉含量，分别为 6.88 mg/kg ± 0.66 mg/kg、5.10 mg/kg ± 0.45 mg/kg 和 1.90 mg/kg ± 0.08 mg/kg，分别为土壤平均 Cd 含量的 15 倍、11 倍和 4 倍，说明利用亚麻吸附土壤中的 Cd 具有巨大的潜力。亚麻—水稻轮作，亚麻原茎产量 539 kg / 亩 ± 67.7 kg/ 亩，每年每亩可提取重金属镉约 3 g。

图3-47 水稻—亚麻轮作田间表现

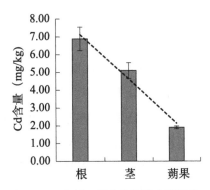

图3-48 水稻—亚麻轮作亚麻不同的部位的镉含量

六、亚麻修复重金属污染农田生物质资源化利用途径探索

Cd 具有毒性大、移动性强、易被植物吸收等特点，能够抑制农作物的生长发育，使其生长迟缓、植株矮小、缺绿、产量下降等。此外，Cd 还会随着食物链的传递，通过"土壤—植物—人体"或者"土壤—植物—动物—人体"的路径进入人体内富集，最终危害健康。当 Cd 进入人体后，会与人体内的许多物质进行反应，导致人体机理功能等出现失调，引发病变，也就是人们常说的 Cd 中毒。Cd 中毒会对肾脏和心血管造成损伤，导致贫血和骨骼病变，还会导致人体畸变、癌变等（黄秋婵等，2007，刘茂生，2005）。

亚麻适应性强，对 Cd 等重金属胁迫具有较高的耐受性。从前面的试验结果可看出亚麻尤其适用于中轻浓度重金属的去除。超富集植物对重金属污染土壤具有很好的修复效果，但大多数为野生型植物，存在生物量低、生长缓慢、植株矮小及难以进行引种等问题。利用非食用及饲用作物的种植对重金属污染耕地边利用边修复是一种比较理想的方法。亚麻是一种适应性非常强的作物，并且在南方可以冬季种植，可以与低积累水稻品种配合用于中轻浓度重金属污染农田的修复，是一种比较理想的重金属污染耕地"边利用边修复"的作物（王玉富等，2015）。

亚麻可以用于中轻度重金属污染耕地的修复，但收获的植物如何应用是一个关键问题。一般中低污染地区亚麻收获后经过脱胶，其纤维中的重金属不会超标，可用于纺织品的生产。但是脱胶后的污水应做好无害化处理。处理纤维以外其他废弃物也要做到安全利用。为此国家麻类产业技术体系亚麻生理与栽培团队开展了探索性研究。将用于重金属污染农田修复的亚麻废弃生物质用蒸馏水冲洗干净，放于干燥通风处自然脱水，再将晾干的生物质放在温度为40～80℃的烘箱中烘至完全脱水，放进粉碎机打磨成粉，过筛后的粉末装袋备用，然后将生物质粉末置于石英舟，将石英舟放入管式电炉的石英管中，密封好后设定加热程序，使电炉按照温度为5～8℃/min的升温速率，加热到目标温度400～600℃，保持温度至热解完毕，自然冷却至室温，经研磨后过筛，将过筛后的亚麻生物炭成品置于密封袋中保存。

以亚麻生物炭为主体，通过壳聚糖将其与具有磁性的铁酸铋材料结合，并通过戊二醛进行交联，制备了一种壳聚糖/铁酸铋—生物炭复合材料。制备的具体步骤为：向已经完全溶解的壳聚糖溶液中加入铁酸铋和亚麻生物炭材料，通过机械搅拌使三者结合充分，并使用戊二醛作为交联剂使材料的机械强度增加，最后将烘干后的材料研磨以进一步增加其比表面积，获得最终的壳聚糖/铁酸铋—生物炭复合材料。

该复合材料的扫描（图3-49）可以看出壳聚糖和铁酸铋均成功地负载在了亚麻生物炭的基体上。图3-50是该复合材料的磁化曲线图，磁化强度为0.37 emu/g，能够快速地实现固液分离。

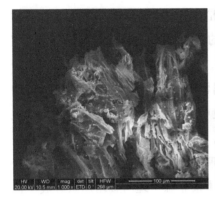

图 3-49　复合材料的电镜扫描

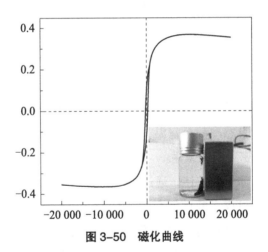

图 3-50　磁化曲线

图 3-51 是关于壳聚糖／铁酸铋—生物炭复合材料在不同 pH 条件下对六价铬的吸附性能，可以看出酸性条件更利于该吸附过程的发生，结合实际废水的 pH 范围，因此将 pH=2 设为试验最佳 pH 值。在相同的试验条件下（六价铬初始浓度 50 mg/L，材料投加量 W=2 g，T=30 ℃，t=2 h，pH=2），对比了壳聚糖、壳聚糖—生物炭、壳聚糖／铁酸铋以及壳聚糖／铁酸铋—生物碳复合材料对废水中六价

铬的吸附去除性能（图3-52），该复合材料对重金属废水中的六价铬离子相比其他3种材料展现了更优异的吸附性能。

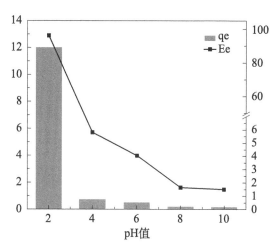

图3-51　不同 pH 条件下对六价铬的吸附性能

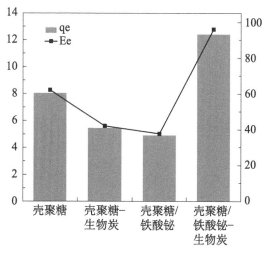

图3-52　不同材料的吸附性能

综上，该复合材料吸附能力强、易分离回收、制取成本低廉、工艺简单。适用于冶炼、矿山、印染、化工、电镀等废水中六价铬离子的去除。

第四章

亚麻栽培技术

第一节　土地准备

一、选地选茬

亚麻的根系发育弱，是需肥水较多的作物，因此，种植亚麻应选择土层深厚、土质疏松、肥沃、保水保肥力强、地势平坦的黑土地，排水良好的二洼地或黑油砂土地。平坦的黑土地、二洼地，地势较低，土质肥沃，保水保肥力强。黄土岗地、山坡地、跑风地，土壤黏重，排水不良的涝洼地以及砂土地都不适宜种亚麻。如果选择这些不良的土地种植亚麻，就要做好抗旱、灌水以及排水的准备。

不同的前茬对亚麻的生长和产量、质量有很大影响。试验证明，玉米、大豆茬种亚麻产量最高，其次是小麦茬。亚麻最忌重茬和迎茬（隔一年）。重茬、迎茬易发生苗期病害死苗，造成减产。种植亚麻必须实行4～5年的合理轮作。不能选用重茬、迎茬地块种植亚麻。轮作是重要的综合农业技术措施之一。生产实践证明，把亚麻生产纳入合理的轮作制中，不仅亚麻能连续获得稳产高产，而且由于亚麻生育期短，主根浅，只能吸收土壤中上层肥力，其他残肥有利于后茬作物的利用，或者可以利用亚麻收获后的时期因地制宜种植绿肥，可以培肥地力，有利于轮作周期内的作物均衡增产。

二、整地保墒

亚麻是平播密植作物，种粒小，覆土浅，种子发芽需水多，所以提高整地质量，保住土壤墒情，是亚麻一次播种保全苗的关键措施。北方亚麻产区基本为干旱地区，黑龙江省历年春季多风少雨，蒸发量大，十春九旱，加之整地质量不符合要求，给亚麻生产带来的危害很大，造成出苗不齐，实收株数减少，直接影响产量。为此，在整地环节要注重保墒。如果是秋整地可以采取翻、耙、耢、压连续作业的整地方法，如果是春整地应抢在返浆前旋耕、耢、压连续作业的整地方法，创造深厚的疏松耕层，提高土壤的蓄水能力，达到整地保墒的目的。

（一）旱作土壤机械秋翻镇压蓄水保墒

秋耕翻可使上茬作物残留的根茬等翻入土中，腐烂后，利于土壤团粒结构的形成，既增加了土壤中的有机质，又改善了土壤的板结和性质。机械秋翻、镇压保墒作业，要求机耕深度 20～25 cm，深浅一致。秋翻可以使土壤充分接纳秋冬雨雪，减少蒸发，保持土壤墒情。据试验，秋翻地可提高土壤含水量，实现秸秆还田、促进腐熟，增加土壤有机质，还可以消灭部分杂草，灭草效果提高 10% 以上（张丽丽等，2022）。

（二）早春机械浅旋耕

浅旋耕可以破碎土块，平整土地，增加土壤有机碳储量，提高播种质量。早春机械浅旋耕较未旋耕每平方米的杂草数减少 29.7%～89.9%，出苗率提高 14.6%～71.1%。早春机械浅旋耕要做到随耕、随播、随镇压防止跑墒，影响出苗（张丽丽等，2022）。

南方种植亚麻要根据当地的种植习惯，播种前对田块进行翻犁、施肥、整地后，根据地块理出宽 2 m 左右的厢面，碎土耙平，墒面四周开通灌溉和排水沟，供排灌水使用。如果采用水稻田免耕种植亚麻，可以在水稻收获后，把部分稻草或全部稻草均匀地铺在田间，晴天太阳暴晒干燥后点火焚烧。充分焚烧冷却后，把事先处理好的亚麻种子均匀撒播在焚烧后的草木灰里，然后立即灌水（刘飞虎等，2006）。或水稻收获后直接开排灌水沟后播种，播种后覆盖稻草保湿。

三、施肥

亚麻的生育期短，为了能在短短的生育期内，满足亚麻从土壤中吸取足够的各种营养成分，完成生长发育过程，必须根据其需肥特点，平衡的供应各种营养，才能达到亚麻优质高产的目的。

（一）增施有机肥料

亚麻根系发育较弱，前期和中期需大量的氮、磷、钾肥，因此，应重施基肥。基肥以农家肥为主，因为农家肥在土壤里分解比较慢，是一种营养价值全面的速效和迟效兼有的有机肥料，可在较长时间内持续供应亚麻生长发育所需要的养分。它不但能满足亚麻全生育期吸肥的需要，起到壮秆长麻、防止倒伏的效果，而后还有培肥地力的作用。基肥应早施，最好是从前茬培肥地力入手，就是在前作大量施入有机肥料，培肥地力，当种植亚麻时，亚麻能够及时利用土壤里已被分解好的残肥，提高亚麻的产量和质量。若前茬没有施肥基础或土壤肥力较低，可在整地之前施入。施有机肥料做基肥时，农家肥一定要先发酵（熟肥）完成，并且捣细。在整地前运到地里，均匀地散开，浅耙 $10 \sim 15$ cm，将粪肥耙入土中。这样，既防旱保墒，又为亚麻生长发育创造一个肥多、土碎的土壤条件。一般亩施农家肥 $1\,500 \sim 2\,000$ kg（刘飞虎等，2006）。由于有机肥料在土壤里分解得比较慢，所以亚麻施用有机肥料主要是用作基肥，而且要早施，可以结合整地一次性施用。

（二）合理施用化肥

在施用有机肥料的基础上，合理施用化肥做种肥，有显著的增产效果。据试验，氮、磷、钾不同配比，在不同土壤类型上有不同的增产效果，轻碱土类型以 1∶3∶1 高磷配比增产效果显著，白浆土缺氮土壤类型以 2∶1∶1 高氮和 1∶1∶2 高钾配比增产效果显著，黑土类型 1∶1∶1 配比增产效果显著，黑黏土类型以 1∶2∶1 高磷配比增产效果显著。因此，在我国南方少雨的地区亚麻的 N、P、K 的施肥比可采用 2∶1∶1，多雨的地区可采用 1∶1∶2。

新疆一般肥力的地块使用尿素 3～5 kg，磷酸二铵 8～10 kg做种肥；黑龙江省中等肥力的地块亩施磷酸二铵 7.5～12.5 kg，钾肥 5～7 kg 为宜，或者尿素 6.5 kg/ 亩，过磷酸钙 50 kg/ 亩，氯化钾 7.5 kg/ 亩，结合整地或播种一次性使用，在北方种植亚麻使用化肥的方法一般是结合播种一次性施入土壤；云南一般是基肥追肥相结合，基肥：普钙 50 kg，尿素 10 kg；追肥：复合肥 25 kg，尿素 25 kg，或者每亩施尿素 25～30 kg，普钙 30～50 kg，硫酸钾或氯化钾 20～25 kg，钾肥和磷肥的施用方法是作为底肥一次施入或在亚麻快速生长期撒施。40% 的氮肥为基肥或种肥施用，60% 的氮肥在快速生长初期作追肥施用较好。如果使用复合肥，底肥 40 kg/ 亩，追肥 20 kg/ 亩。可以根据土壤情况增加硼肥 2 kg、锌肥 2 kg，具体种植时可以根据当地的土壤肥力适当调整施肥量。

（三）微量元素的施用

微量元素硼、锌、铜、锰、钼等在土壤中含量很少，但却是植物生长发育所必需又是不可代替的，缺少微量元素容易发生一些病害。20 世纪 40 年代以来在欧美发达国家已经开始生产铜肥等微量元素肥料并在亚麻生产中应用，显著地提高了产量和品质。可以根据亚麻地的实际情况适量使用微量元素肥料。

第二节　亚麻播种

一、播前准备

（一）种子的准备

1. 选择适宜的品种

中国亚麻育种始于 20 世纪 50 年代。20 世纪末期以后亚麻育种技术发展越来越快。自 1980 年以来，育种家以选育的高产、高纤维、高油、抗病为目标，建立大量的新方法，并培育一些新品种，例如黑亚 6 号、黑亚 7 号、黑亚 8 号、双亚 5 号等高产、优质和抗病品种。在过去近 70 年的育种工作中，已经培育出了大量的新品种。这些品种的育成首先使我国亚麻原茎产量从 1 200 kg/hm² 增加到 9 000 kg/hm²，产量大幅度提高。其次，抗病性、长纤维含量也得到了大幅度提升（Wang el al.，2018）。这是在亚麻育种方面取得的一项伟大的成就。虽然亚麻单产有了大幅度提高，但是由于我国不同亚麻产区生态条件的不同，亚麻产量存在比较大的差异。目前我国经过品种审定和登记的亚麻品种有 100 多个，可供选择的品种比较多，不同亚麻产区可以根据各自的生产条件、生态特点选择适宜当地种植的品种。

2. 种子处理

种子质量的好坏是保证亚麻全苗、壮苗的内因条件。在选择确定种植的适宜品种之后，使用符合质量标准的种子也十分重要。因此应选用品种纯度高、净度好、发芽率高的种子做播种材料。依据农作物种子质量标准——经济作物种子——纤维类（GB 4407.1—2008）规定，亚麻原种纯度不低于 99.0%，大田用种的纯度不低于

97.0%。原种和大田用种的净度（清洁率）不低于 98.0%，发芽率不低于 85%，水分不高于 9.0%。可用种子精选机进行选种（图 4-1）。

图 4-1 5XF-1.3A 复式种子精选机

图片来源：黑龙江省农业机械工程科学研究院绥化分院网站。

无论选用什么品种，在播种前都要进行精选，以保证种子的质量。使用亚麻专用种子精选机对亚麻种子进行精选，彻底清除公亚麻、菟丝子和毒麦以及其他杂质，使种子的清洁率达到 95% 以上。一般种植户或用种量不是很大的企业可以选用。该机主要用于精选亚麻籽，根据种子的外形尺寸和空气动力学特性来实现精选，精选后的种子外形尺寸基本一致，有利于机械化精量播种。通过更换筛片和调节风量还可用于小麦、水稻、玉米、高粱、豆类、胡麻、油菜、牧草、绿肥等种子精选。种子精选后，播种前必须进行发芽率试验，以此作为计算播种量的主要依据之一。种子的发芽率与贮藏条件有直接关系。种子贮藏 1 年后，发芽率为 72%，2 年后为 54%，3 年后为 47%，4 年后为 3%。但若种子的含水量降低到 4%～10%

时，贮藏10年后发芽率仍可高达98%以上。一般情况下，如种子的发芽率低于85%，则不宜作种用。为防治亚麻苗期病害，确保所选用的种子发芽率达到标准以后要进行种子处理，采用较多的药剂是用药量为种子重量的0.3%炭疽福美或多菌灵拌种。

（二）确定适宜的播种密度

亚麻单位面积产量是由单位面积有效成麻株数，亦即收获时期的保苗株数与单株生产力所构成的，而单位面积的有效成麻株数，又来源于单位面积的适宜的播种量。如果播种密度过多，植株密度过大，麻株高，麻茎细，毛麻多，亚麻产量不高；如播种密度过小，密度过稀，又因保苗株数少，麻茎虽粗大，但分枝多，也会降低亚麻的产量和质量。因此必须因地制宜地掌握适宜的播种密度，采用适当的播量和播种方法，来协调亚麻个体之间的关系，做到合理密植，争取单位面积上有足够的苗数和高的单株生产力，以期达到高产。一般有效播种粒数以每平方米2 000粒为宜。但是要根据不同区域的气候条件适当调整。例如云南亚麻生长季节雨水较少的地区，亚麻不容易倒伏，可以适当加大播种密度到每平方米有效播种粒数2 200粒。湖南及中东部地区亚麻生长季节雨水较多，可以适当减少播种密度至每平方米有效播种粒数1 800粒。此外，干旱地、盐碱地、整地质量不好的地块都应适当加大播种量。

（三）播种工具的准备

为了保证亚麻适期播种，提高播种质量，必须在播种前将播种工具准备好。有条件的可以使用亚麻专用播种机。没有亚麻专用播种机的可以选用通用型的谷物播种机。播种前要仔细检查全套机械的各部位，都要达到正常作业状态，以免因某个部件失灵而影响播种质量。调整开沟器的距离，使播种行距合乎要求并且均匀一致。

一般播种机行距以 15 cm 为宜。

（四）播种量的计算与调整

1. 播种量的计算

亚麻播种量应根据单位面积上的有效播种粒数、种子的千粒重、发芽率、清洁率进行计算。实际上在计算过程中，应把没有发芽能力的种子和杂质扣除，补以等量的具有发芽能力的种子，同时还要加上田间损失率。田间损失率一般按照 35% 计算，如果是整地质量不好的地块田间损失率会更大，田间损失率根据整地质量适当调整。具体计算公式如下。

种子发芽率（%）=（试验种子粒数 - 不发芽的种子粒数）/ 试验种子粒数 × 100

种子清洁率（%）=（试验种子重量 - 含杂质重量）/ 试验种子重量 × 100

$$田间实际播种量（kg/亩）= \frac{千粒重（g）× 有效播种粒数}{发芽率 × 清洁率 × 1\,000 × 1\,000} ×$$

$$（1+ 田间损失率）$$

如果种子发芽率 98%，清洁率 95%，千粒重 4.5 g，每平方米有效粒数 2 000 粒，田间损失率 35%，则：

$$田间播种量（kg/亩）= \frac{4.5 × 2\,000 × 667}{0.98 × 0.95 × 1\,000 × 1\,000} ×（1+0.35）$$

$$= 8.7（kg/亩）$$

2. 播种量的调整

播种量调整前把播种箱和排种杯中的杂物全部清除。倒入一定量的种子，行走轮转动一定圈数，根据转动圈数与播幅计算下种量，调整下种量与计划的播种量一致为止。然后到田间将播种机添加一定量的种子，进行实际播种验证实际播种量与计划播种量是否相符，如果不一致，则要继续调整。

二、适期播种

生产实践证明，适期播种，对提高亚麻的产量和纤维品质有重要的意义。如果说整好地，保住墒，是确保一次播种出全苗、保全苗的关键，那么适期播种则是在亚麻栽培技术中提高亚麻产量和纤维品质的决定性措施。

选择播种期的关键在于了解亚麻各个生长发育阶段，特别是发芽、出苗期对环境条件的要求，并掌握气候、土壤等自然条件的变化规律，确定出一个既符合亚麻生长发育的要求，又能适应自然条件变化，最后获得亚麻优质高产的播期。亚麻播种应注重以下环节：

（一）播种期

在了解亚麻播期与温度的关系时，不但要考虑亚麻种子发芽出苗对温度的要求，而且要考虑亚麻生长发育的各个阶段，特别是纤维形成时期对温度的要求。亚麻性喜冷凉，各个生育阶段，要求的温度较低。因此，要适时早播，亚麻在气温 7～8℃ 时即可播种。在北方春旱而无灌溉的条件下，播种时土壤水分的多少，墒情的好坏成为亚麻出全苗的决定性因素。亚麻种子需要吸收超过其本身重量的水分才能发芽，因此播种时，土壤里必须积蓄有足够亚麻种子发芽出苗所需的水分，一般要求土壤含水量不低于 21%。在大田生产的条件下，只要温度适宜，土壤不过湿或存水，通气良好，土壤含水量为田间最大持水量的 70%～80%，播种后即可获得全苗。因此，在北方一般在 4—5 月气温、土壤水分适宜的情况下要及时播种。云南、湖南等南方省区以秋冬播为主，少数高海拔地区可以春播。大部分地区 9—12 月都可以播种，但是播种时要考虑作物的轮作以及灌水情况，一般 10 月播种较为适宜。

（二）播种深度

亚麻播种深度以 3～4 cm 为宜。在土壤黏重、水分充足、春季雨水较多的年份或地区，播种深度宜浅；而在土壤干旱、墒情不好的情况下，播种深度可深些，但最多不能超过 5 cm。在干旱地区，亚麻播种后及时镇压，使种子和土层紧密结合，发挥毛细管作用，使土壤下层水分上升，保证亚麻种子发芽所需的水分，加快出苗。镇压的时间与次数，应根据当时土壤的疏松程度、含水量多少等情况而定。在土壤水分充足或土质黏重的地块，可在播种后一二天镇压一次；反之，土壤含水量少，气候干旱的条件下，应在播后立即镇压，最好是在机引播种机后直接带镇压器随播随压。

（三）灌水

亚麻是一种需水较多的作物，特别是快速生长期到开花阶段，生长速度快，加之此阶段正处在 6 月中下旬，气温较高，蒸发量大，因而此期需水量最大，占全生育期总需水量的 75%～80%。此阶段水分供应充足与否，是决定产量的关键。多年生产实践和科学试验结果表明，快速生长期到开花期所需降水指标为 90～120 mm。以黑龙江省亚麻产区为例，此阶段降水量仅在 35.5～63.1 mm，供需矛盾很大。为提高亚麻的产、质量，在此期进行合理灌水是非常必要的。出苗到开花土壤持水量以 80% 为宜，低于 40% 亚麻受影响，这是亚麻对水分需求最多的时期，缺水对亚麻产量产生较大影响。开花末期到成熟期土壤持水量以 40%～60% 为宜。在亚麻进入枞形末期和快速生长期，土壤含水量低于 21% 时需要灌水。干旱地区可以采用滴灌或喷灌的方式。

云南省秋季或冬季播种亚麻，在亚麻生长发育的整个时期，大部分种植区降雨很少或基本没有降雨，因此灌水显得尤其重要。种植亚麻的整个过程中，如没有降雨，我们提倡分别在播种后、枞形期、快速生长期、开花期分别灌一次水，有条件的地方还可以适当增加灌水次数（刘飞虎等，2006）。灌水时发现地块浸湿即可撤水，水平面最好不要漫过墒面，特别是在种子发芽前，以免造成种子和肥料流失，影响出苗率。

第三节　亚麻田除草

亚麻是平播密植作物，难以进行中耕除草，田间管理的中心环节是灭草。杂草对亚麻危害很大，据调查，一般亚麻田每平方米有杂草 100～200 株，多者 1 000 余株。亚麻从出苗到快速生长期要经过 25～30 d，这一时期是亚麻蹲苗扎根阶段，亚麻苗生长缓慢，南方冬季亚麻的这一时期更长，而杂草却生长很快，如不及时除草，就容易产生杂草欺苗，与苗争肥、争水、争阳光的现象，直接影响亚麻的正常生长，以至收获时草里挑麻，拔麻费工，造成减产。为提高亚麻的产质量，增加收入，必须消灭杂草，给亚麻生育创造良好的生长环境。目前综合防除亚麻田杂草主要有以下几项措施。

一、生态控草

（一）选择杂草基数少的地块种亚麻

丰产典型经验，是上一年选好地培养地力，应是选放过秋垡的玉米茬或拿过大草的豆茬种亚麻。

（二）诱草早发，播种灭草

春整地进行得早，解冻深，地温高，墒情好，草籽萌发得快，杂草出土齐。5 月上旬采用 48 行谷物播种机播种亚麻，也可以采用重复播的方法，灭草率可达 80% 以上。

（三）密度控草

前茬杂草基数大的地块可以根据土壤以及水分情况，重点是盐碱、干旱、少雨的地区，可以将亚麻播种量提高到 10～12 kg/ 亩，可有效降低田间杂草数量，提高产量，从而降低除草剂用量，提升经济效益。

（四）机械除草

机械除草生态环保，是未来的发展方向，国内外亚麻的机械除草都有一些尝试，机械除草具有一定效果，但是也存在一些问题。如：伤苗的问题、除草时期难把握等。但是通过更多的时间这些问题会逐步解决。有条件的企业可以根据杂草的种类及密度尝试进行亚麻的机械除草。下面是国外的一些除草机械，国内企业可以借鉴使用类似的机械进行亚麻机械除草（图 4-2）。

图 4-2　亚麻机械除草

二、化学除草

化学除草既省工、省力，又灭草彻底。我国 20 世纪 80 年代就开始了纤维亚麻化学除草试验。倪录等（1984）1980—1981 年在黑龙江进行了不同药剂、剂量、喷洒时间和方法的试验，从利谷隆、杀草安、枯草多、拿扑净和二甲四氯等 20 多种除草剂中筛选出拿扑净和二甲四氯复合配方。1982—1983 年，在所内外进行了 17 个点次试验。通过 4 年所内外多点试验证明，20% 拿扑净每亩 200 ～ 300 mL 加 70% 二甲四氯每亩 50 g 复合配方是防除亚麻田杂草的有效除草剂。拿扑净对单子叶杂草有特异的防除效果。二甲四氯对灰菜、苋菜、苣荬菜等阔叶杂草有较高的防除作用。在出苗后 20 ～ 30 d，亚麻株高 15 cm 左右，杂草 2 ～ 5 片真叶时，进行一次喷洒。二甲四氯不论单施或与拿扑净混合施用，亩用量都不得超过 75 g，否则亚麻就会遭受不同程度的药害。

赵振玲等（2005）在云南的弥渡、武定、昆明试验，使用 25% 砜嘧磺隆 WG，亚麻田中有效浓度 18.75 g hm² 砜嘧磺隆水分散粒剂，在亚麻出苗后，杂草 2 ～ 3 叶期施药 1 次。试验表明：药后 50 d，杂草鲜重防效达 54% ～ 99%，与对照相比达极显著差异。药后 50 d 内，该药会抑制亚麻生长，表现出处理的苗矮于对照。但后期这个抑制会逐渐减轻或消除，亚麻生长正常，收割时植株高度与对照没有显著差异。因此，砜嘧磺隆对亚麻安全，除草效果也好，可用于亚麻田除草。

朱国民等（2007 年）在吉林省公主岭市开展了苯达松、精喹禾灵的亚麻除草试验，综合分析结果表明：每公顷亚麻田使用苯达松（48% 水剂）3 600 mL+ 精喹禾灵（5% 乳油）1 800 mL+ 水 465 kg 除草效果最佳，最关键的是使用时期在亚麻株高 11 ～ 15 cm（枞形末期前）时施用，使用早或晚对亚麻都有影响。何建群等（2009）在云南宾川县开展了亚麻田杂草发生规律及化学除草适期研究，结果表明，每公顷用56%的二甲四氯钠盐750 g+5% 精喹禾灵乳油750 mL，在亚麻株高5～16 cm（枞形期）、杂草1～4叶期使用，对亚麻生长安全，除草效果好。韩喜财等（2014）2012年在黑龙江大庆完成了24% 烯草酮防治亚麻田禾本科杂草药效试验。结果表明，24% 烯草酮乳油450～600 mL/hm² 对禾本科杂草有较好的防除效果。烯草酮对狗尾草、马唐、野黍、碱草等抗性杂草有特效，在一定范围内使用对亚麻安全。朱炫等（2016）在云南宾川进行了几种芽前除草剂对冬季亚麻田杂草的防除试验，结果表明，在播种后灌水，第2 d施用90% 异丙甲草胺乳油2 250 mL/hm²，每公顷兑水量1 125 kg。施药后20～40 d对单双子叶杂草综合株防效高达91.7%～96.1%。对冬季亚麻田杂草的防除效果较好，对亚麻生长安全，可以作为冬季亚麻田芽前化学除草方法推广应用。

上述是针对纤维亚麻的试验结果，可以直接借鉴使用。由于油用亚麻密度小，收获晚，杂草控制难度更大，所以近些年对油用亚麻的化学除草研究得比较多。

钱爱萍等（2013）在宁夏西吉县用40%的立清、56%的二甲四氯钠、8.8% 精喹禾灵在胡麻（油用亚麻）田防除杂草试验，40%的立清600～900 mL/hm²，兑水675 kg/hm²，在胡麻苗高约10 cm时喷雾，对阔叶杂草防除效果达90%以上，保产效果在70%以上。施药后第3 d，40% 立清3个处理胡麻苗生长基本正常；56%的二甲四氯钠1 050 g/hm² 处理茎叶畸形、失绿较轻。建议生产中防除阔叶杂草应选用40% 立清600～900 mL/hm² 或56%的二甲四氯钠900～1 050 g/hm²，兑水675 kg/hm² 喷雾。

李爱荣等（2015）通过试验认为禾本科杂草如狗尾草、糜子、稗草、野燕麦等防除可选用10.8% 高效盖草能乳油80 mL/亩、10%

精喹禾灵乳油 60 mL/ 亩、150 g/L 精吡氟禾草灵乳油 100 mL/ 亩、240 g/L 烯草酮乳油 100 mL/ 亩、12.5% 烯禾啶乳油 180 mL/ 亩、50 g/L 唑啉草酯乳油 90 mL/ 亩、15% 炔草酸可湿性粉剂 50 g/ 亩任意一种，防效均在 90% 以上，且对胡麻安全。阔叶杂草如藜、苦荞、卷茎蓼、反枝苋等防除可选用 40% 的二甲·辛酰溴乳油 100 mL/ 亩、40% 立清乳油 100 mL/ 亩、30% 辛酰溴苯腈乳油 100 mL/ 亩任意一种，防效均在 85% 左右，且对胡麻安全。阔叶草和禾本科混防可选防除胡麻田阔叶杂草药剂与防除禾本科杂草药剂任意一种混用即可。芦苇重发地块可选用 10.8% 高效盖草能乳油 100～110 mL/ 亩喷雾处理。

马建富等（2018）试验表明 40% 的二甲·辛酰溴 EC 750 mL/hm² + 30% 二氯吡啶酸 AS 900 mL/hm²、40% 的二甲·辛酰溴 EC 750 mL/hm² + 48% 灭草松 AS2250 mL/hm² 两种组合在施药后 45 d 株防效、鲜重防效分别达到 94.51%、94.80% 和 91.01%、90.81%。因此，这两种药剂组合用水量 900 kg/hm²，在亚麻苗高达到 7～9 cm，杂草 3～5 叶期进行均匀喷雾处理，对亚麻田阔叶杂草具有良好的防除效果，可在生产上推广使用。

胡冠芳等（2018）通过 2011 年在甘肃兰州的试验以及 2012—2016 年大面积示范从安全性和兼防效果综合评价认为：40% 的二甲·辛酰溴 EC 1 500 mL/hm² 或 30% 辛酰溴苯腈 EC 1 500 mL/hm² + 108 g/L 高效氟吡甲禾灵 EC 1 500 mL/hm² 或 10% 精喹禾灵 EC 900 mL/hm²、50 g/L 唑啉草酯 EC 1 350 mL/hm²、15% 炔草酯 WP 750 g/hm² 是苗期茎叶喷雾一次用药兼防胡麻田阔叶杂草与禾本科杂草的最佳组合，宜在胡麻生产中大面积推广应用。

40% 的二甲·溴苯腈 EC 900 mL/hm² 在宁夏胡麻主产区累计示范 2 900 hm²，对阔叶杂草的株防效和鲜重防效在 86%～97%，较不施药增产 100%～230%，较人工除草最高增产 6.9%。40% 的二甲·溴苯腈 EC 900 mL/hm² + 108 g/L 高效氟吡甲禾灵 EC 675 mL/hm²

或 10% 精喹禾灵 EC 600 mL/hm² 在新疆胡麻主产区累计示范 211.3 hm²，对阔叶杂草的株防效和鲜重防效在 82%～94%，对禾本科杂草的株防效和鲜重防效在 89%～95%，较不施药增产 7.9%～14.5%，较人工除草最高增产 2.5%、最高减产 2.9%。

40% 的二甲·辛酰溴 EC 或 40% 的二甲·溴苯腈 EC、30% 辛酰溴苯腈 EC 与 108 g/L 高效氟吡甲禾灵 EC 或 10% 精喹禾灵 EC 等禾本科杂草除草剂混用苗期茎叶喷雾一次用药可兼防胡麻田阔叶杂草与禾本科杂草，但因不同地区环境条件、杂草种类和密度以及危害程度存在较大差异，因此宜先做小面积试验，筛选出防效优良安全性好的适宜剂量，再行大面积示范推广。

曹彦等（2019）为了筛选出防除阔叶杂草高效安全的胡麻化学除草剂，在内蒙古乌兰察布市试验了 30% 苯唑草酮 SC、40% 的二甲·辛酰溴 EC、48% 灭草松 AS、30% 二氯吡啶酸 AS、15% 噻吩磺隆 WP 等 5 种除草剂及其 7 种混用组合，在苗期实施茎叶喷雾，开展防除胡麻阔叶杂草试验。结果表明，30% 苯唑草酮 SC 180 mL/hm² + 15% 噻吩磺隆 WP 225 g/hm² 株防效和鲜重防效分别达到 90.63%、77.50%，48% 灭草松 AS 2 250 mL/hm²+15% 噻吩磺隆 WP 300 g/hm² 株防效和鲜重防效分别达到 88.54%、92.50%，喷药后 7 d 胡麻恢复生长，对胡麻生长安全。这 2 个混用组合防治效果好、对胡麻生长安全、用药成本低，并且提高了胡麻产量，适宜大面积推广应用。

姜延军等（2022）为了筛选出对胡麻安全、对杂草防效优良的茎叶除草剂最佳喷施时期，在甘肃省泾川县田间测定了二甲·溴苯腈 EC 、二甲四氯钠 SP 和二甲·辛酰溴 EC 在不同时期喷施对胡麻生长发育的影响及对田间杂草的防效。通过对胡麻株高、鲜重、产量及控草效果综合分析看出，400 g/L 的二甲·溴苯腈 EC 1 500 mL/hm² 在胡麻株高 5 cm、56% 的二甲四氯钠 SP 1 200 g/hm² 在胡麻株高 2.5～5 cm、40% 的二甲·辛酰溴 EC 1 275 mL/hm² 在胡麻株高 5～10 cm 喷施，对胡麻株高的抑制作用均能在成熟期降至微弱或无影响，对胡麻鲜重的抑制作用均能提早减轻至微弱甚至无影响；胡麻生物产量分别较人工除草增加 9.66%、-6.25%～-1.77% 和 7.19%～9.97%，胡麻籽粒产量分别较人工除草增加 5.39%、-0.86%～-0.47% 和 -0.56%～5.45%；对阔叶杂草株防效分别达到 81.82%、51.46%～73.88% 和 52.91%～67.21%，对阔叶杂草鲜重防效分别达到 98.99%、88.96%～96.33% 和 91.26%～94.47%。可见，参试除草剂在上述时期喷施对胡麻安全、对杂草防效理想，可大面积推广。

上述试验结果是在不同区域的油用亚麻田中完成的，油用亚麻只注重籽粒产量，不注重亚麻的茎产量，纤维亚麻可以根据不同区域根据实际情况参考使用，应注意施药对亚麻茎产量的影响，要控制好用量或适当减量，避免产生药害。

亚麻化学除草在 20 世纪 80 年代开始就以二甲四氯钠＋拿扑净为主。截至目前，纤维亚麻田的阔叶杂草防除仍以二甲四氯钠盐为主，二甲·辛酰溴、辛酰溴苯腈等也有部分使用。由于除草剂种类及价格的变化，拿扑净已经很少使用，单子叶杂草防除可以使用精喹禾灵、高效盖草能、烯草酮等，可以根据杂草情况选用。单双子叶杂草的防除每亩地可以使用 56% 二甲四氯钠 60～70 g+5% 精喹禾灵乳油 45 mL 等其他禾本科除草剂，兑水 15～20 kg。在出苗后 20～25 d，于麻苗高 10～15 cm、禾本科杂草 3～5 叶、阔叶杂草 2～4 叶期，杂草基本出齐时及时兑水喷雾防除杂草。但应注意二甲四氯无论单施还是混合施用其用量都不能超过上述用量，并且要喷洒均匀，不能漏喷重喷，否则会对亚麻苗产生药害。因为两种除草剂混用既能除禾本科杂草，又能除阔叶杂草，故施药时要选择无风晴朗天气，以防细雾飘移到附近其他作物上产生药害或下雨降低药效。喷雾器用后立即洗净。

第四节　亚麻主要病害防治

一、炭疽病

亚麻的苗期病害主要有炭疽病和立枯病，而以前者为主，是造成苗期缺苗断条的主要原因。

（一）症状

自幼苗出土直至蒴果成熟整个生育期，亚麻各器官都能被害。在东北以苗期幼根、幼茎、子叶等被害为主。幼根上生锈色或橙黄色的长条状病斑，子叶和幼叶发病时，生圆形或半圆形有轮纹的淡褐色或淡黄色病斑，以后能逐渐扩大蔓延全叶面及幼茎部分，使叶片枯死或全株死亡。生长后期发病，茎和叶片出现褐色长椭圆形病斑，中央部有红褐色粘状孢子堆，病害严重的叶片枯死，茎秆变褐，纤维易断，蒴果上也生褐色病斑，种子瘦小，暗淡无光泽，发芽力低，种皮呈黑褐色。

（二）病原

亚麻炭疽病菌（*Colletotrichum lini* Toch.）属半知菌亚门。病菌腐生性较强，能在土壤中存活，并能活跃地生长繁殖。但是当它寄生在绿色植物上时，专化性却比较强，只能侵染亚麻各品种，不侵染其他植物。

病菌在寄生表皮下形成分生孢子盘，后期孢子成熟时，分生孢子盘能突破寄主表皮。刚毛黑褐色，有3个横隔，分生孢子梗短，不分枝，分生孢子椭圆形，两端微尖、直或微弯，无色，单细胞。

（三）侵染循环

病菌以菌丝体及分生孢子在种子表面或种皮内越冬，也能以菌丝体及孢子在病残组织上或土壤中越冬，成为第 2 次初侵染来源。因为病菌腐生性较强，收获后若将带病麻秆晾晒在将种植亚麻的轮作地或休闲地上，便能使病菌污染土壤，翌年成为该地面的初侵染来源。田间传播以雨水为主。播种带菌种子，或幼苗受土壤越冬以后病菌侵染引起幼苗发病。以后重复侵染达到地上部，幼苗受病较轻时还可能恢复，不一定死亡，成株期茎部受害严重时影响亚麻产量。本病在气候与土壤潮湿的条件下发病较重。

（四）防治方法

1. 合理轮作

与禾本科或豆科等作物实行 5 年以上的合理轮作。

2. 药剂拌种

用种子重量 3‰的炭疽福美或 50% 多菌灵可湿性粉剂拌种。

二、立枯病

是一种通过土壤传播的真菌所引起的亚麻常见病害，各国种麻区均有不同程度的发生，我国黑龙江省亚麻生产区常年发病率达 30% 左右。死苗严重者造成田间缺苗、断条，降低单位原茎产量。

（一）症状

亚麻立枯病一般幼苗受害较重。幼苗出土不久受害植株幼茎基部呈黄褐色条状斑痕，病痕上下蔓延，形成明显的纹缢。受害轻者可以恢复，重者顶梢萎垂，逐渐全株枯死。在阴湿低温、土质黏重条件下发病较重，重茬、迎茬地发病也较重。

（二）病原

为半知菌类丝核菌（*Corticium pratieola*）。主要由菌丝繁殖传染。初生菌丝体无色，老熟菌丝呈黄褐色，菌丝宽 14 μm，肥大、呈直角分枝，分枝处较细，近分枝处有一横隔。在酷暑中有时能形成担子孢子。担子孢子无色，单孢，椭圆形或卵圆形，大小为（6～9）μm×（5～7）μm，能生成粗糙的菌粒。

（三）侵染循环

此病常与炭疽病混合发生。病菌以菌丝在受病的残株或土壤中腐生，又可附着或潜伏在种子上越冬，成为第二年发病的初次侵染来源。

（四）防治方法

一是实行合理轮作，避免重茬迎茬。发现病株彻底清除销毁。不在种亚麻前茬地上沤制雨露麻，对酸性土壤地块适量施用石灰，降低土壤酸碱度。二是培育抗病品种。三是药剂防治：用种子重量 0.3% 的 70% 甲基硫菌灵可湿性粉剂、50% 福美双可湿性粉剂、75% 百菌清可湿性粉剂或 50% 多菌灵可湿性粉剂拌种；在亚麻幼苗期发病，可以选用 70% 甲基硫菌灵 800 倍液、50% 福美双 500 倍液、50% 多菌灵 500 倍液喷雾防治，亚麻生产中可选择其中的一种或几种交替使用（朱炫等，2010）。

三、枯萎病

亚麻枯萎病又名镰刀菌蔫萎病。一般发病率为 1% 左右，严重时可达 20%。亚麻前期发病多成片或全田萎蔫，植株变褐，整个麻田像被火烧过。后期发病多点片发生，发病植株矮小，很容易从地里拔出，严重影响亚麻产量和质量。

（一）症状

幼苗感病后叶片枯黄，茎呈灰褐色或棕褐色，细缩如缢，萎凋倒伏而死。成株发病时，顶梢萎垂，先呈黄绿色，后变褐色，茎秆枯干而死，但茎仍直立不倒伏。在潮湿天气，茎基部生白色或粉红包状物（分生孢子梗及分生孢子）。病株茎基部的根系腐烂，易从土中拔出。解剖病茎可见维管束变成褐色。

（二）病原

病原为半知菌类镰刀菌属的亚麻镰孢菌（*Fusarium culmorum* Sacl）。在被害茎上初期不生分生孢子，而在寄生组织中有纵横分布的有隔菌丝，只在后期才穿过麻茎表皮而生出粉状物，这是分生孢子及分生孢子梗。

（三）侵染循环

病菌的分生孢子和菌丝可在土壤中的有机质及残留在土壤中的病残株上腐生越冬，成为翌年初次侵染来源。分生孢子借水传播，重复侵染。病种子通过调运可远距离传播。病菌从根部侵入，在低温（侵染最适气温 16～32℃）、高湿、酸性及含有机质多的土壤及重茬、迎茬时发病重。

（四）防治方法

可参照亚麻炭疽病、立枯病的防治方法。

四、锈病

亚麻锈病是世界性病害，遍及所有亚麻产区，在我国东北、西北和西南均有发生。黑龙江省发病不很严重，曾在依安、克山、哈尔滨发生过，多在油用亚麻上发病重。

（一）症状

为害亚麻的幼叶、茎秆、小枝、花梗、蒴果等部位，最初出现在幼叶和嫩茎上，只显淡黄色或橙黄色小病斑，为性孢子器和锈孢子器，因数量往往较少，容易被人忽视，直到亚麻生长"中期"，即开花期前后，又在秆、叶、果上产生鲜黄色至红黄色的圆形夏孢子堆，数量多，才被人注意。到亚麻生长后期，患部寄主表皮下产生褐色至黑色的不正形斑点，为冬孢子堆，茎上特别多，叶及萼片上较少。这些冬孢子堆破坏纤维，影响品质，容易断裂。

（二）病原

病原为担子菌亚门亚麻栅锈菌（*Melampsora lini* lev.）寄生所致。寄生范围窄，除为害栽培的亚麻外，还能为害亚麻属的野生种，是一种单主寄生的专性寄生菌，属长生活史的锈菌，形成5种孢子，但无中间寄主，全部生活史在亚麻上完成。

（1）性孢子器：由冬孢子发芽产生的担子孢子侵染寄主后产生，埋生于表皮下，常形成于幼叶的气孔腔内。

（2）锈孢子器：性孢子器生成之后形成，出现于亚麻的叶片上，圆形，枯黄色，裸生于病叶两面，稍突起，内生很多锈孢子。

（3）夏孢子堆：成熟时淡黄色，具有护膜，后在中央部分作不规则的开口，散出夏孢子。夏孢子球形、卵形、椭圆形至多角形，孢壁黄色，内含物呈橘黄色，在腰部（赤道带）周生芽孔，外壁生有很多小疣状突起，大小为（15～26）μm×（13～20）μm。各孢子间有棍棒状的丝状体。

（4）冬孢子堆：生于表皮下，成熟时黑色，有光泽，椭圆形至梭形，稍突起，破坏纤维。冬孢子圆锥形，三棱形至长圆筒形，单细胞，无柄，紧密地排列在寄主表皮下成一层，大小为（40～80）μm×（8～20）μm。亚麻栅锈菌和其他锈菌一样，有高度专化性，有许多生理小种，国外有详细的研究，国内资料少，在应用抗病品种时要注意生理小种的变化。

（三）侵染循环

病菌以冬孢子在寄主病部越冬，翌年春季萌发产生担孢子侵染亚麻的嫩叶和茎秆，一般感染后2～4周内即形成性孢子器，并再于4～10 d出现锈孢子器，内生锈孢子，锈孢子被风吹至亚麻上，从气孔侵入亚麻叶而形成孢子堆，散出大量夏孢子，夏孢子的传播作用很大，在气流和昆虫的作用下，到达健株，再从气孔侵入进行重复侵染。至生长后期仍在亚麻上形成冬孢子堆，并以冬孢子随病株残体越冬。

（四）发病条件

冬孢子在 -20～-30℃ 的低温下仍能越冬，锈孢子和夏孢子萌发的最低温度为0.5℃，侵染的温度为16～22℃，最适为18～20℃，所以在我国北方寒冷地区也可以严重发病。高湿环境下发展迅速。东北7—8月多雨季节，正是适合发病的环境条件。地势低洼，氮肥过多，晚播田发病皆重。

（五）防治方法

1.农业措施

精选种子，除去其中混杂的带病残屑。清理病残体，收获后把遗留在田间和路旁的病残体彻底加以清理烧毁，加工后的残余物不能混到厩肥中去，也必须全部予以烧毁。发病田要进行深翻，将遗留在田里难以收拾干净的病残组织深埋土中。

2.选育和利用抗病品种

由于病菌生理专化性明显，可以通过抗病品种对抗特定的生理小种（刘方等，1992）。黑龙江省农业科学院育成的黑亚号系列等一批高抗锈病品种的推广，使亚麻生产上的锈病基本得到控制。

五、白粉病

亚麻白粉病的发生不仅影响亚麻正常生长发育，造成亚麻原茎和种子产量降低，优质原茎比例下降，而且严重影响亚麻的出麻率和纤维质量。在我国黑龙江、云南、新疆等亚麻主要种植区均有发生，云南发生较重。

（一）症状

病害一般先发生在底层叶片，逐渐向上部感染，茎、叶及花器表面上形成白色绢丝状光泽的斑点，病斑扩大，形成圆形或椭圆形，呈放射状排列。先在叶的正面出现白色粉状物即病菌的菌丝和分生孢子梗及分生孢子，以后扩大及叶的背面和叶柄，最后布满全叶。此粉状物后变灰色、淡褐色，上面散生黑色小粒（子囊壳），植株逐渐失绿，最后枯死（杨学，2007）。

（二）病原

亚麻白粉病病原为亚麻粉孢（*Oidium lini* Skoric），属半知菌亚门真菌。有性态为 *Erysiphe cichoracearum* DC.，称二孢白粉菌，属子囊菌亚门真菌。分生孢子梗单细胞自菌丝上长出分生孢子梗顶端着生成串分生孢子，分生孢子无色圆筒形单胞大小为（10.2～15.8）μm×（24.3～3.2）μm（李广阔等，2007）。

（三）侵染循环

亚麻白粉病病原菌是一种表面寄生菌，以子囊壳在种子表面或寄主病残体上越冬，翌年壳中的子囊孢子在适宜的温度、湿度条件下在幼苗上侵染叶片上传播引起初次侵染，发病后由白粉状霉上产生大量分生孢子，经风雨传播，引起再侵染。一个生长季节中再侵染可重复多次，造成白粉病的严重发生（刘淑霞等，2011）。

（四）防治方法

对亚麻白粉病的防治，应因地制宜，合理运用各种防治措施。

1. 选育、利用抗病优良品种

白粉病病原菌有较强的寄生专化性，品种不同抗病性不同，白粉病易发地区可以选用抗白粉病品种，例如华星 2 号、中亚麻 4 号等抗白粉病品种。

2. 药剂处理

亚麻白粉病的初次侵染源主要来源于种子带菌，播前种子用药剂处理是十分必要的。亚麻白粉病病原菌敏感药剂以多菌灵最佳，用种子质量 0.3% 的 70% 多菌灵可湿性粉剂拌种，并在病害发生初期及时进行喷药，可抑制病害的发生与流行。在亚麻苗高15～25 cm 喷洒甲基硫菌灵可湿性粉剂 1 000 倍液或 15% 三唑酮可湿性粉剂 1 000～1 500 倍液，隔 10～15 d 喷洒 1 次，防治 2～3 次（刘淑霞等，2011）。在亚麻不同生育期，用 40% 氟硅唑 EC 8 000 倍液防治亚麻白粉病。亚麻白粉病的最佳药剂防治时期应从快速生长期开始，在快速生长期、现蕾期、开花期、盛花期这 4 个时期各防治 1 次，就能取得很好的防治效果，达到减少防治成本，提高经济效益的目的（何建群等，2011）。

第五节 亚麻收获

我国大部分亚麻产区亚麻收获正值雨季，黑龙江省尤是如此，给收获保管带来一定困难，若收获不适时，保管不好，会直接影响麻茎质量和纤维品质，常造成丰产不丰收，但只要把握好亚麻的成熟期，做到适时收获并根据天气变化，采取相应的晾晒保管方法，就能保障亚麻的丰产丰收。

一、适时收获

亚麻适时收获，是保证丰产丰收和提高纤维品质的关键。收获过早，纤维成熟不足，出麻率低，麻茎叶子多，水分大，不好保管。收获过晚，纤维成熟过度，麻茎容易倒青和站干，降低亚麻质量，纤维粗硬、脆弱、分裂度低，麻茎果胶质含量大，木质素增多，不好沤制。只有在亚麻工艺成熟期收获，才能提高亚麻产质量，出麻率高，强度大，品质优良（表 4-1）。因此，要在亚麻成熟过程中经常观察，根据麻茎、麻叶、蒴果的变化，掌握准亚麻的工艺成熟期，做到适时收获。亚麻工艺成熟期的主要特征：一是麻田有 1/3 的蒴果变成黄褐色；二是麻茎有 1/3 变为黄色；三是麻茎下部叶子有 1/3 脱落。群众经验是"亚麻三勾黄一勾，正是拔麻的好时候"，一定要抓住这个关键时期，不失时机地收好亚麻。但是，在阴雨多的天气，或者施肥多的田块，以及土壤水分多的低洼地，亚麻虽然成熟，也不易表现出工艺成熟期的特征，反而麻茎浓绿，叶子不变黄，不脱落，在这种特殊的环境下，唯有根据亚麻从出苗到成熟的天数（生育期）确定亚麻的收获期；当蒴果 1/3 变成黄褐色，生育期达到 75～80 d 时，就可以进行收获。种子田为了保证种子的成熟度应在完熟期收获。

亚麻田块达到成熟特征标准时，就要组织好劳力和机械力量，要求在 2～3 d 内拔完。

表 4-1　不同收获期对出麻率的影响

收获时期	出麻率（%）	备注
绿熟期	15.6	种子成浆糊状时
黄熟初期	17.6	部分种子呈淡黄色
黄熟期	17.0	蒴果黄褐色 1/3 以上
完熟期	14.4	蒴果全部变成黄褐色

二、收获方法

人工收获：人工拔麻要做到"三看三定"。一看麻田成熟度，定拔麻时间；二看麻田面积大小，定劳力多少；三看麻田整齐度，定是否分级拔麻，拔麻时要把高矮麻拔净，杂草挑净，根部泥土摔净，并要求把麻根蹾齐。拔麻要在露水消净后进行。

机械收获：目前只有小面积种植的采用人工收获，大面积种植的已经全部采用机械收获。国内外使用的亚麻收获机械有以下几种。

（一）亚麻拔麻机

1. ЛК-4Д（А）型牵引式联合拔麻机

该机器是我国使用较早的亚麻拔麻机，是由俄罗斯研制的，可于拔麻的同时完成脱粒作业（图7-1）。脱出物当天即可用联合收获机进行脱粒，然后晾晒保管，避免晾晒大量脱出物而发生种子霉烂的危险，确保种子万无一失。但存在收获期应略晚（要在蒴果2/3变黄时开始收获），收获蒴果时种子损失率高，需用人工或自走式拔麻机先拔出一条拖拉机的作业道，作业不灵活，小地块作业效率低等缺点。ЛК-4Д（А）型牵引式联合拔麻机的主要技术参数：生产效率0.6～1.0 hm²/h；作业幅宽1.520 m；配套动力47.8～66.2 kW拖拉机；消耗功率22～23.2 kW；功率输入轴转速545转/min（曹海峰，2008）。

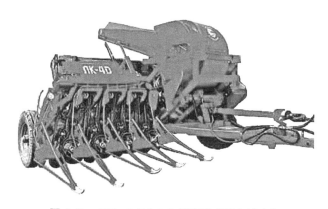

图4-3　ЛК-4Д（А）型牵引式联合拔麻机

2. GX220双行自走式亚麻拔麻机

该机器由比利时联合机械（Union Machines）公司生产，功率180 kW，外形尺寸为（长×宽×高）7 700 mm×2 930 mm×3 980 mm（图4-4），工作速度可达18 km/h，工作效率2 hm²/h，路

上行走速度可达 27 km/h。

图 4-4　GX 220 双行自走式亚麻拔麻机

3. DAEAHY 双行自走式拔麻机

该机器是由德普特（Depoortere）生产的双行自走式拔麻机 DAEAHY（图 4-5）配备了一台新的 160 kW 的发动机。全长 7.57 m，总宽度 3.50 m，前悬臂 2.57 m，后悬臂 2.95 m，高度 3.20 m，重量 10 500 kg，工作速度可达 15 km/h，路上行进速度 25 km/h，转弯直径 13.6 m。

图 4-5　DAEAHY 双行自走式拔麻机

4. 4YZ-140 型自走式拔麻机

该机器由黑龙江省农业机械工程科学研究院绥化分院研制，自走式拔麻机作业时分茎器首先将站立的亚麻茎秆分成 4 个宽为 35 cm 的作物带（即工作幅宽），然后将亚麻茎秆导向 4 个曲线形拔麻通道。在曲线形拔麻通道中的亚麻茎秆则被皮带夹持着向后运动（与拔麻机前进方向相反（高立辉等，2005）并将这些亚麻拔出。被拔出来的亚麻经输送通道、铺放器，最后以条形铺被放到收获后的地面上。

4YZ-140 型自走式拔麻机（图 4-6）的主要技术参数：外形尺寸 5 000 mm×1 850 mm×1 810 mm；机器重量 3.5 t；运输速度 20 km/h；工 作 速 度 5.0～11.2 km/h；工 作 效 率 0.8～1.0 hm²/h；发 动 机 LRD3105 T56，40.5 kW，2 300 转 /min；拔净率＞95%；作业幅宽 1 400 mm；拔麻工作台调节高度 150～350 mm；运输时至少离地高度 220 mm（曹海峰，2008）。

图 4-6　4 YZ-140 型自走式拔麻机

5. 4ZBS-1.5 自走式亚麻拔麻梳籽机

该机器由佳木斯东华收获机械制造有限公司研制（图 4-7），适用于亚麻、胡麻黄熟初期和黄熟期的拔取、夹持、梳籽、输送等功能。并将脱离籽粒的麻秆均匀平铺放在田间进行自然脱胶；梳理出来籽粒进入收集装置。机器行走采用液压无级变速，前轮转向，后轮驱动。作业速度 7 km/h；行走速度 16 km/h；发动机功率 65 kW；

作业幅宽 1.5 m；生产效率 1.0 hm²/h；机器重量 1 900 kg；外形尺寸 6 000 mm×2 000 mm×2 500 mm。

图 4-7　4 ZBS-1.5 自走式亚麻拔麻梳籽机

（佳木斯东华收获机械制造有限公司提供）

6. 4ZYB-2.4 自走式亚麻拔麻机

该机器由佳木斯东华收获机械制造有限公司生产（图 4-8），适用于亚麻、胡麻黄熟期的拔取，并将麻茎均匀铺放在田间进行自然脱胶，使亚麻纤维与木质部分离。机器行走采用液压无级调速，前轮转向，后轮驱动。作业速度10 km/h；行走速度 18 km/h；发动机功率 89 kW；作业效率2.2 hm²/h；作业幅宽 2.4 m；

图 4-8　4 ZYB-2.4 自走式亚麻拔麻机

（佳木斯东华收获机械制造有限公司提供）

重量 5 700 kg；外形尺寸 7 000 mm×3 000 mm×3 770 mm。

（二）亚麻翻麻机

1. GX 240 双行自走式亚麻翻麻机

该机器由比利时联合机械（Union Machines）公司生产（图 4-9），功率 85 kW，外形尺寸为（长 × 宽 × 高）5 860 mm × 2 750 mm × 3 770 mm，工作速度可达 18 km/h，路上行走速度可达 27 km/h。

图 4-9 GX 240 双行自走式亚麻翻麻机

2. DRAHY40 自走式翻麻机

该机器由比利时德普特（Depoortere）公司生产（图 4-10）。舒适、宽敞的驾驶室配有空调和暖气、气动座椅及 2 个摄像的显示器。全长 5.51 m，总宽度 2.55 m，前悬臂 0.49 m，后悬臂 1.33 m，高度 3.74 m，工作重量 4 700 kg，发动机 80 kW。工作速度可达 19 km/h，在道路上安全换挡至 40 km/h。

3. 5YF-150 型牵引式翻麻脱粒机

该机器由黑龙江省农业机械工程科学研究院绥化分院研制。采用的 5YF-150 型牵引式亚麻翻麻脱粒机（图 4-11），其籽粒产量可比拔麻时直接脱粒提高 50%～60%，经实测每公顷可收获籽粒在

700 kg 以上，且通过晾晒能够促进种子的后熟，千粒重可达 4.5 g 以上，出芽率达 90%，不仅提高了籽粒产量，而且也提高了籽粒的品质。亚麻籽粒的脱净率达到 85% 以上，翻麻后麻铺规则、整齐。其配套动力为 58.8 kW，外形尺寸 810 cm×246 cm×350 cm，整机重量 4 970 kg，前进速度 4～6 km/h，工作幅宽 1.4～1.5 m，生产率为 0.5～0.7 hm²/h（张立明等，2008）。

图 4-10　DRAHY40 自走式翻麻机

图 4-11　5YF-150 型牵引式翻麻脱粒机

（三）亚麻打捆机

1. RB1060 圆捆打捆机

该机器由黑龙江省农业机械工程科学研究院绥化分院研制（图 4-12）。其主要技术参数如下：配套动力 22.0～36.8 kW 轮式拖拉机；动力输出轴额定转速 540 转 /min；捡拾作业宽度 1 060 mm；卷捆压捆室直径

图 4-12　RB1060 圆捆打捆机

（引自：黑龙江省农业机械工程科学研究院绥化分院网站）

600 mm，宽度 1 000 mm；麻捆直径 600 mm；麻捆质量 20～25 kg；生产率 20～40 捆 /h；整机质量约 600 kg；外形尺寸 1 700 mm×700 mm×1 200 mm；轮距 1 530 mm。

2. GE250 自走式亚麻打捆机

该机器由比利时联合机械（Union Machines）公司生产（图 4-13），其功率 105 kw，外形尺寸为（长 × 宽 × 高）5 780 mm×2 960 mm×3 260 mm，工作速度可达 22 km/h，路上行走速度可达 27 km/h。工作效率为每小时 40 捆（或 1.1 hm²/h）。

图 4-13　GE 250 自走式亚麻打捆机

3. ZORHY40 自走式打捆机

该机器由德普特（Depoortere）公司生产（图4-14），配备了115 kW 的发动机。工作速度可达 22 km/h，在道路上安全换挡至 40 km/h。全长 5.09 m，总宽度 2.55 m，前悬臂 0.59 m，后悬臂 1.36 m，高度 3.71 m，工作重量 5 700 kg。

图 4-14　ZORHY40 自走式打捆机

4. ZORTRA 型牵引式亚麻打包机

该机器由德普特（Depoortere）公司生产（图 4-15），重 4 340 kg，牵引拖拉机 140 马力，当麻包直径达到设定大小时（1.20 m，可调），信号在拖拉机驾驶室响起，驾驶员操作停止捡拾麻茎，自动打捆，捆扎时间约为 30 s，然后麻捆将被送到地面上，并可选择放置在侧面，然后门关上，整个装置可以再次开始工作。在大多数情况下，没有必要后退。

图 4-15　ZORTRA 型牵引式亚麻打包机

第六节　亚麻脱胶

亚麻脱胶是将亚麻纤维束之间的果胶去除的过程，但是纤维细胞之间的胶质仍保留在纤维束中，因此亚原茎麻脱胶是半脱胶或叫不完全脱胶，生产上称之为沤麻。

亚麻沤制分为水沤和雨露沤制。我国亚麻主要采用温水和雨露沤制两种方式进行脱胶。温水沤麻用水量大，浪费淡水资源，排出的废水污染环境。雨露沤麻是靠自然降水和雨露，生产方式简单、高效，又不污染环境，成本低，其纤维较温水沤制的纤维易漂白和纺织，是一项省工省时的亚麻沤制技术。因而，雨露沤麻是当前我国及世界各国广泛采用的沤制方法。

一、温水沤麻

（一）温水沤麻的原理和特点

亚麻温水沤麻就是利用嫌气性微生物，分解麻茎的果胶质，使韧皮部与木质部产生分离达到麻茎脱胶的目的。现行的温水沤麻工艺就是把捆好的麻茎装在用钢筋水泥制作的 $30 \sim 70 \ m^3$ 的沤麻池中，在 $30 \sim 34 \ ℃$ 的水温条件下使嫌气性微生物在短时间内繁殖起来，并通过麻茎气孔和损伤的裂纹进入麻茎中，分解麻茎内的果胶质，使韧皮部与木质部产生分离，以达到脱胶的目的。温水沤麻过程分为 3 个阶段。

第一阶段：物理阶段。从开始沤麻持续 $7 \sim 9 \ h$。这阶段池内水中麻茎吸胀，浸出水溶性物质，主要是碳水化合物、含氮化合物、各种色素和无机盐，沤麻水被染成红褐色。

第二阶段：水溶性物质发酵阶段。开始于沤麻 7～9 h 以后至第一昼夜末和第二昼夜初。这个阶段沤麻水内繁殖大量细菌，主要是球菌。它们使水溶性物质发酵，释放气体和有机酸。沤麻水泛起气泡，表面形成大量泡沫，水变成酸性。麻茎组织未发生任何结构上的变化。

第三阶段：果胶物质发酵阶段。在开始于第一昼夜末和第二昼夜初，即浸出物质发酵基本结束的时候。气泡释放重新加剧，但体积不如第二阶段那样大。沤麻水继续积累有机酸并散发出明显的丁酸特有气味，果胶物质发酵结果引起麻茎结构上的变化，中间组织分解，纤维束被解放。第三阶段末期纤维束完全同周围组织脱离，麻茎可以出池。

温水沤麻不受外界自然条件的限制，浸渍时间短，不需大量沤麻场地，纤维质量高。

（二）温水沤麻工艺和操作方法

1. 捆麻

将亚麻原茎重新把长短、色泽、粗细、茎质一致的原茎捆成适宜装池沤制的小捆。按原茎等级、长短、粗细、色泽分别放置在铺好的两根草绳的架子上面，两把一颠一倒均匀一致，草绳距根部 10 cm 左右处捆紧。每捆重量 2～3 kg。

2. 装池

把捆好的麻捆装到沤麻池里。一般每立方米可装 80～100 kg。装满后压池扛，一般一米左右一根为宜，防止加水后亚麻上浮。

3. 浸渍

（1）上头遍水　4～8℃浸渍 12 h，8～12℃浸渍 10 h，12～16℃浸渍 2～4 h。温度低时，时间要长；水温高时，时间就相应短。按以上温度，要求到时间将头遍水排出。

（2）上温水　水温适当掌握，但必须高于头遍水的温度，水要注满。如果水温达不到工艺规定的温度可采取打蒸汽的方法进行升温，温度在 30～34 ℃，从这时开始记录浸渍开始时间。

（3）补汽补水　要随时检查池内温度，如水温低于 28 ℃ 要及时进行补汽，使水温保持在 32～34 ℃。检查水温时，要把温度计放到池子长度的中间，横向要离开池壁一米左右的地方。同时要及时检查池子水位，发现缺水要及时补满，所补水温要比池内温度高 1～2 ℃。

（4）检查酸度　要定期检查池内酸度，pH 值 6～7 为宜。如果池内水偏酸要排除一部分沤麻池水，重新注入温水，以调整控制酸度。

（5）浸渍终点判断　当麻沤到一定时间（120 h 左右）就要检查是否脱胶。主要方法有水茎抽茎法和水洗法两种。

水茎抽茎法：从池内取出水茎，观察水茎髓腔内水饱满，用手掐麻茎发出脆声。靠梢部 1/3 处掐断 10 cm 左右把木质部抽去，抽出顺利不带纤维为沤好。

水洗法：把从池内抽出的水茎轻击水面，麻皮能从木质部上脱离为沤好。即：茎质掐脆水褐色，麻秆一抽溜溜光，水茎腔内水饱满，水中一拍皮脱光。如麻沤好，应排出沤麻水，并记录浸渍终止时间，再放水冲洗一遍即可出池。如果不能及时出麻，也可以放冷水浸泡，但最多不能超过 72 h。

4. 晒麻

沤好的亚麻要及时运到晒麻场晒麻。晒麻时要解开麻捆。晒麻时，左手握住麻的梢部，右手拿住麻茎下部 1/3 处，往地下一蹾，并随手将麻弯曲一下，以便使粘连着的死绺子散开。麻茎弯后，用左手向外一甩，右手随着向回拉，麻把即成伞形，如有死绺子，必须当时抖开。

5. 翻麻和捆干

当麻茎干燥到 60%～70% 时，要及时进行翻麻，防止纤维色泽不一致。如麻被风雨刮倒，要及时进行扶麻，否则将造成霉烂。晒干以后的干茎及时打捆上垛。干茎最好放置 2～4 个月，这样加工效果更好。

二、雨露沤麻

雨露沤麻是利用好气性微生物，在适宜的温度和湿度条件下，利用生物发酵，把亚麻原茎中的韧皮果胶分解，使筒状纤维脱离木质部的沤麻方法。雨露沤麻，沤制程序简单，依靠天然雨露，不需特殊设备，沤制中如得到适当降雨或搭露水，气温适宜，能获得良好的干茎，制出优质纤维。成本比较低。其缺点是需要时间较长，受气候条件影响较大，占地面积大。

（一）雨露沤制方法

1. 原茎雨露沤麻

拔下的麻茎先经干燥脱粒后铺露，应按工厂加工能力确定沤麻场地面积。每吨原茎平均需 3～4 亩场地，在 8—9 月沤制两次。沤麻前，要把亚麻原茎按原茎等级标准分别选茎。同一等级的原茎，按粗细及色泽，分成细黄、粗黄、细绿、粗绿、细褐、粗褐等，分别进行沤制。从而提高干茎和纤维质量。要把麻茎铺得散落均匀，麻层铺得越齐、越薄越好，一般厚度应为 1.5 cm 左右，不准超过 2 cm，防止麻层夹有死绺和根梢颠倒现象。

2. 鲜茎雨露沤麻

利用亚麻拔麻机收获后直接将麻茎铺到亚麻地内，充分利用亚

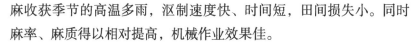

麻收获季节的高温多雨，沤制速度快、时间短，田间损失小。同时麻率、麻质得以相对提高，机械作业效果佳。

3. 喷水辅助雨露沤麻

雨露沤麻是自然降水及露水保持湿度，在干旱少雨的地区亚麻雨露沤制存在一定问题，雨水不够直接影响沤麻质量，所以采用人工方法弥补自然降水的不足，从而提高沤麻质量。

4. 亚麻站秆雨露沤麻

利用脱胶剂将亚麻植株杀死，3～4 d 后植株死亡，沤麻过程开始。站秆沤麻可提高亚麻纤维的产品质量，沤麻过程简单，易于管理；雨水充沛，10 d 左右麻茎即可沤好。缺点是纤维可挠度低，降雨量少的地区不易采用此法。

（二）沤麻时间

雨露沤麻与气候条件密切相关。一般温度 18℃，相对湿度 50%～60% 为宜。在北方一般在拔麻后进行，黑龙江一般在 8 月 10—30 日，纬度较低、温度比较高的地区新疆、甘肃等可以到 9 月。

（三）翻麻

为使沤麻均匀，脱胶一致，纤维性能一致，要在麻层表面有 70% 左右的麻茎变成黑灰色，接近沤好时，适时进行翻麻。翻麻偏早或过晚，都会使沤麻生熟不均，影响纤维质量。

（四）沤制的终点判断

沤好的麻茎变成银灰色，麻茎外表长满了细小黑色斑点，迎着太阳光看，麻茎发出银白色的亮光，用手敲打麻茎，有时飞出黑色灰尘。

1. 湿茎鉴别

一是每天早晨露水特别大或雨后麻茎水分达到饱和状态时，把沤好的亚麻靠麻茎梢部 1/3 处折断，容易抽出 6～10 cm 长麻骨而不带纤维；二是用拇指和食指连续掐断麻茎，能发出清脆的响声。由于麻茎粗细不同，其响声也不一样。粗茎，木质部发达响声大。细茎木质部不发达，响声不明显。

2. 干茎鉴别

晴朗干燥天气，空气湿度不大，把干茎弯成短弓形，麻皮麻茎产生分离，就是麻线能崩起，用手揉搓靠麻茎梢部 1/3 处，麻茎中的木质容易从纤维中脱落，麻皮不带死麻屑；麻皮能从根部一直剥到梢部，麻秆不带麻毛，麻皮内侧具有银白色的底光，即已沤好。也可以用手轮少量打几把进行鉴别。

在具体鉴别时，要根据沤麻面积大小，做到多点鉴别，每点应有 95% 以上的原茎达到沤制标准。

（五）捆麻和保管

经过严格的沤制鉴定，达到标准干茎时，才能进行捆麻。最好用草绳或麻绳捆麻，尽量不用塑料绳，以免塑料混入纤维，影响纤维纺织性能。人工捆麻每捆重量在 4～5 kg 为宜，机械捆麻 300 kg 左右。捆好的干茎要及时运回，上垛，苫好，妥善保管，严防雨淋、受潮湿、霉烂等。

参考文献

北条良夫，星川清亲，1983. 郑丕尧，周殿玺，刘兴海，译. 作物的形态与机能［M］. 北京：北京农业出版社.

曹琼，2015. 浅析纤维皇后亚麻的特点及应用［J］. 西部皮革，37（17）：38，44.

曹彦，贾海滨，叶朝晖，等，2019. 胡麻苗期不同配方除草剂茎叶喷雾防除阔叶杂草效果的研究［J］. 北方农业学报，47（1）：85-90.

曹海峰，2008. 亚麻机械化生产技术［M］. 哈尔滨：黑龙江科学技术出版社.

陈苏，龙松华，郭媛，等，2023. 云南省宾川县亚麻高效栽培技术研究［J］. 中国麻业科学，45（4）：160-169.

党玲，杜伟，王淞娆，等，2020. 不同发芽长度对亚麻籽营养品质的影响［J］. 粮食与脂，33（11）：47-50.

邓欣，陈信波，龙松华，等，2015. 水分胁迫对亚麻苗期生理特性及干物质积累的影响［J］. 中国油料作物学报，37（6）：846-851.

邓欣，邱财生，陈信波，等，2014. 钾肥施用量影响亚麻抗倒伏性的研究［J］. 中国麻业科学，36（4）：194-198.

丰光，王孝杰，曹祖波，等，2017. 玉米种植密度与重心高度的关系及对倒伏的影响［J］. 天津农业科学，23（12）：65-67.

冯小慧，姚一萍，董泰音，等，2020. 亚麻籽中木酚素积累的关键因素及其抗氧化性研究［J］. 内蒙古农业大学学报（自然科学版），41（3）：45-49.

高立辉，胡科全，公衍峰，2005. 4 YZ-140 型自走式拔麻机［J］. 现代化农业（6）：43.

顾雨霏，刘艳芳，2023. 亚麻籽产业摘下"特而不强"标签 [EB/OL]. 中国食品报，2023-08-03[2023-08-03]. https://www.cnfood.cn/article?id=1686696291906719746.

郭媛，邱财生，龙松华，等，2015. 种子萌发期亚麻种质资源耐镉性的鉴定评价［J］. 作物杂志（6）：39-43.

郭媛，邱财生，龙松华，等，2015. 盐碱胁迫对亚麻苗期生长及阳离子吸收和分配的影响［J］. 中国麻业科学，37（5）：254-258.

郭媛，邱财生，龙松华，等，2015. 多效唑对亚麻农艺性状及抗倒伏性的影响［J］. 南方农业学报，46（10）：1780-1785.

韩喜财，潘冬梅，李振伟，等，2014. 烯草酮防治亚麻田杂草药效试验［J］. 中国麻业科学，36（2）：102-104.

郝冬梅，邱财生，王世发，等，2017. 亚麻新品种中亚麻 5 号的选育［J］. 中国麻业科学，39（6）：273-277.

郝京京，史海涛，谢拉准，等，2020. 亚麻籽与亚麻籽饼粕的营养价值及其在畜禽饲粮中的应用［J］. 动物营养学报，32（9）：4059-4069.

何建群，张金莲，张玲，2011. 40% 氟硅唑 EC 对亚麻白粉病的防治效果研究［J］. 中国麻业科学，33（1）：8-10，15.

何建群，张润，2009. 亚麻田杂草发生规律及化学除草适期研究［J］. 云南农业科技（2）：41-45.

胡发龙，柴强，甘延太，等，2015. 少免耕及秸秆还田小麦间作玉米的碳排放与水分利用特征［J］. 中国农业科学，49（1）：120-131.

胡冠芳，牛树君，赵峰，等，2018. 除草剂混用苗期茎叶喷雾防除胡麻田杂草与大面积应用示范［J］. 中国农学通报，34（30）：140-147.

黄林，李雪娇，冯杰，2022. 膨化亚麻籽对鸡蛋 DHA 含量和蛋品质的影

响［J］.浙江畜牧兽医（6）：1-4.

黄秋婵，韦友欢，黎晓峰，2007.镉对人体健康的危害效应及其机理研究进展［J］.安徽农业科学，35（9）：2528-2531.

黄文功，姜卫东，姚玉波，等，2020.低钾胁迫对亚麻生长发育的影响［J］.中国麻业科学，42（6）：273-282.

姜弼天，王琪，张炎，等，2019.亚麻纤维在增强复合材料中的应用与研究进展［J］.中国农学通报，35（23）：35-39.

姜延军，岳德成，柳建伟，等，2022.3种茎叶处理除草剂在胡麻田的最佳施药期研究［J］.植物保护，48（4）：310-317.

康庆华，姜卫东，黄文功，等，2021a.籽纤赏兼用亚麻品种华亚3号［J］.中国种业（5）：95-97.

康庆华，宋喜霞，姜卫东，等，2021b.国登高纤亚麻品种华亚4号［J］.中国种业（6）：102-104.

康庆华，宋喜霞，姜卫东，等，2022.亚麻品种华亚5号的选育及配套栽培、沤麻技术［J］.中国种业（12）：119-121.

赖玉萍，姜福全，黄思苑，等，2022.亚麻籽油的营养成分、功能活性及应用研究进展［J］.中国油脂，47（8）：109-115.

李爱荣，刘栋，马建富，等，2015.冀西北油用亚麻田杂草调查及化学防控技术研究［J］.中国麻业科学，37（5）：250-253.

李广阔，王锁牢，王剑，2007.新疆亚麻白粉病的初步研究［J］.新疆农业科学，44（5）：591-594.

李英臣，侯翠翠，李勇，等，2014.免耕和秸秆覆盖对农田土壤温室气体排放的影响［J］.生态环境学报，23（6）：1076-1083.

李智明，1993.多效唑对亚麻的增产效应研究初报［J］.甘肃农业科技（4）：11-12.

李宗道，1980.麻作的理论与技术［M］.上海：上海科学技术出版社.

刘方，程乃春，魏麟学，等，1992.亚麻栽培育种与系列产品加工［M］.北京：气象出版社.

刘飞虎，刘其宁，梁雪妮，等，2006. 云南冬季纤维亚麻栽培［M］. 昆明：云南民族出版社.

刘茂生，2005. 有害元素镉与人体健康［J］. 微量元素与健康研究（4）：66-67.

刘淑霞，潘冬梅，魏国江，等，2011. 黑龙江省亚麻白粉病发生特点及防治措施［J］. 黑龙江科学，2（4）：53-54.

马建富，郭娜，刘栋，等，2018. 除草剂对亚麻田阔叶杂草的防除效果简报［J］. 中国麻业科学，40（4）：197-200.

孟桂元，贺再新，孙焕良，等，2012. 顶端调控对亚麻农艺性状及抗倒伏变化的影响［J］. 西北农业学报，21（1）：88-93.

米君，孙欣，钱和顺，等，2006. 亚麻（胡麻）高产栽培技术［M］. 北京：金盾出版社.

倪录，张修福，关凤芝，1984. 应用拿扑净加二甲四氯防除亚麻田杂草研究报告［J］. 中国麻作（3）：44-45，43.

潘瑞炽，李玲，1995. 植物生长发育的化学控制［M］. 广州：广东高等教育出版社.

潘庭慧，张振福，李殿一，等，1996. 亚麻纤维产量构成因素的分析［J］. 中国麻业科学，18（3）：29-31.

钱爱萍，曹秀霞，安维太，2013. 胡麻田间杂草防除药剂筛选研究［J］. 安徽农业科学，41（14）：6249-6250.

青先国，2005. 水稻丰产高效实用技术［M］. 长沙：湖南科学技术出版社.

田保明，杨光圣，2005. 农作物倒伏及其评价方法［J］. 中国农学通报，21（7）：111-114.

田保明，杨光圣，曹刚强，等，2006. 农作物倒伏及其影响因素分析［J］. 中国农学通报，22（4）：163-167.

万经中，周祥春，1998. 亚麻栽培与加工［M］. 北京：中国农业出版社.

王瑞元，2018. 我国亚麻籽油的消费市场前景看好［J］. 中国油脂，43

（1）：1-3.

王维钰，乔博，Kashif AKHTA R，等，2016. 免耕条件下秸秆还田对冬小麦－夏玉米轮作系统土壤呼吸及土壤水热状况的影响［J］. 中国农业科学，49（11）：2136-2152.

王玉富，粟建光，2006. 亚麻种质资源描述规范和数据标准［M］. 北京：中国农业出版社.

王玉富，邱财生，龙松华，等，2013. 中国纤维亚麻生产现状与研究进展及建议［J］. 中国麻业科学，35（4）：214-218.

王玉富，郭媛，汤清明，等，2015. 亚麻修复重金属污染土壤的研究与应用［J］. 作物研究，29（4）：443-448.

王元昌，李洁，王玉富，等，2021. 不同根际促生菌对亚麻镉砷富集及植株生长的影响［J］. 中国麻业科学，43，（4）：198-204.

王月萍，郭丽琢，高玉红，等，2020. 钾肥和硅肥对油用亚麻茎秆抗倒伏特性的影响［J］. 中国农学通报，36（36）：26-33.

王忠，2009. 植物生理学［M］. 北京：中国农业出版社.

徐加文，李寿堂，李寿昌，等，2007. 硼肥对亚麻顶枯病的防治效果及品质效应［J］. 云南农业科技（2）：15-17.

杨学，2007. 亚麻白粉病田间药剂试验研究［J］. 黑龙江农业科学（2）：48-49.

张丽丽，徐桂真，王凯辉，等，2022. 河北坝上旱地油用亚麻高效轻简化栽培技术研究与应用［J］. 中国麻业科学，44（3）：160-164.

张立明，曹海峰，公衍峰，等，2008. 5 YF-150 型牵引式亚麻翻麻脱粒机的研究设计［J］. 农机化研究（9）：84-86.

张建锋，张旭东，周金星，等，2005. 世界盐碱地资源及其改良利用的基本措施［J］. 水土保持研究（6）：32-34.

张兴，揭雨成，邢虎成，等，2014. 洞庭湖区稻田冬播亚麻原茎与种子兼收抗倒伏高产栽培技术研究［J］. 中国农学通报，30（15）：92-97.

赵黎明，顾春梅，陈淑洁，等，2009. 水稻倒伏研究及其影响因素分析

［J］.北方水稻，（39）4：66-70.

赵信林，王慧，邱化蛟，等. 2022. 镉处理对亚麻生长发育的影响及镉在亚麻体内的分布［J］. 湖南农业大学学报（自然科学版），48（1）：82-86.

赵振玲，刘其宁，何丽红，等，2005. 25%砜嘧磺隆水分散粒剂在亚麻田中的除草效果及安全性评价［J］.农药，44（8）：379-381.

周仁超，2022. 日粮中添加冷榨亚麻饼对秦川肉牛生长发育、肉脂品质及瘤胃内环境的影响［D］.杨凌：西北农林科技大学.

周政，2020. 我国亚麻籽油产业发展现状及存在问题［J］.中国油脂，45（9）：134-136.

朱炫，羊国安，王学明，等，2010. 几种药剂对冬季亚麻立枯病的防治效果［J］.中国麻业科学，32（6）：323-326.

朱炫，陈晓艳，何建群，等，2016. 几种芽前除草剂对冬季亚麻田杂草的防除效果研究［J］.中国麻业科学，38（6）：284-290.

朱国民，徐立群，刘淑莲，等，2007. 亚麻不同生育期施用苯达松＋精喹禾灵除草效果初探［J］.吉林农业科学，32（2）：40-41，49.

BOURMAUD A, GIBAUD M, BALEY C. 2016. Impact of the seeding rate on flax stem stability and the mechanical properties of elementary fibres[J]. Industrial Crops and Products, 80：17-25.

DEY P, MAHAPATRA B S, PRAMANICK B, et al., 2022. Optimization of seed rate and nutrient management levels can reduce lodging damage and improve yield, quality and energetics of subtropical flax[J]. Biomass and Bioenergy, 157：106355.

LEIKUS R, JUSKIENE V, JUSKA R, et al., 2018. Effect of linseed oil sediment in the diet of pigs on the growth performance and fatty acid profile of meat[J]. Revista brasileira de zootecnia, 47：104.

GAO S S, SU C, RONG H, et al., 2023. Bibliometric analysis of research history, hotspots, and emerging trends on flax with CiteSpace（2000—

2022）[J]. Journal of natural of fibers, 20（1）: 2194700.

GUO Y, QIU C S, LONG S H, et al., 2020. Cadmium accumulation, translocation, and assessment of eighteen *Linum usitatissimum* L. cultivars growing in heavy metal contaminated soil[J]. International Journal of Phytoremediation, 22（5）: 490–496.

GORRIAS F, TOUSSAINT-FERREYROLLE J, PAUMIER D, et al., 2013. Lin fibre colture et tramsformation[M]. Paris: ARVALIS- Institut du végétal.

GUBBELS G H, 1976. Growth retardants for control of lodging in flax[J]. Canadian Journal of Plant Science, 56: 799-803.

HELLER K, SHENG Q C, GUAN F, et al., 2015.A comparative study between Europe and China in crop management of two types of flax: linseed and fibre flax Pinthus M J, 1973. Lodging in wheat, barely, and oats: the phenomenon, its cause, and preventive measure [J]. Advance in Agronomy, 25: 209-263.

QIU C S, QIU H J, PENG D X, et al., 2023. The mechanisms underlying physiological and molecular responses to waterlogging in flax[J]. Journal of Natural of Fibers, 20（2）: 2198275.

WANG Y F, ZOFIJA JANKAUSKIENE, QIU C S, et al., 2018. Fiber Flax Breeding in China and Europe [J]. Journal of Natural of Fibers, 15（3）: 309-324.

ZAHOUR A, RASMUSSON D C, GALLAGHER L W, 1987. Effect of semi-dwarf stature, head number, kernel on grain yield in barley in morocco[J]. Crop Science, 27: 161-165.